U0302984

人群行为识别理论
与视觉AI技术研究

赵荣泳　韩传峰　陆剑峰　韦炳宇　著

科学出版社

北京

内 容 简 介

在社会安全领域，人群异常行为成为各类严重群体性安全事故的根本致因。研究和开发人群异常行为识别技术，成为破解人群踩踏难题的重要技术途径。为此，本书从计算机视觉角度，阐述了行人异常行为姿态、人群异常行为、恐慌行为、人群稳定性和计算机视觉技术等方面的发展与研究现状，系统地介绍了国际上人群异常行为视频数据资源；循序渐进地阐述了人体姿态特征识别模型、行人运动学质心模型和动力学质心模型、恐慌行为识别模型、广义异常行为识别方法、异常行为扰动与人群稳定性分析等核心理论；深入浅出地论述了计算机视觉检测技术相关的开发资源、异常行为检测程序设计、人群行为分析工具与软件、其他辅助检测技术和应用案例。文末附各章核心模型和算法的 Java、MATLAB、Python 等代码。本书为广大读者提供人群异常行为分析和识别理论基础，并为相关计算机视觉开发提供技术借鉴。

本书可供从事社会安全研究的科研人员、相关专业的高年级本科生或者研究生，以及现代城市治理从业者使用。

图书在版编目（CIP）数据

人群行为识别理论与视觉AI技术研究 / 赵荣泳等著. -- 北京：科学出版社, 2025. 3. -- ISBN 978-7-03-079446-8

Ⅰ. TP302.7

中国国家版本馆CIP数据核字第20243RK289号

责任编辑：陶　璇 / 责任校对：姜丽策
责任印制：张　伟 / 封面设计：有道设计

科学出版社 出版
北京东黄城根北街 16 号
邮政编码：100717
http://www.sciencep.com
北京中科印刷有限公司印刷
科学出版社发行　各地新华书店经销
*
2025 年 3 月第 一 版　开本：720 × 1000　1/16
2025 年 3 月第一次印刷　印张：13 1/2
字数：273 000
定价：162.00 元
（如有印装质量问题，我社负责调换）

前　　言

世界范围内人群踩踏事件频发，造成每年近千人伤亡，社会危害和经济损失严重。世界各国对于识别人群异常行为征兆，防范人群踩踏的相关理论研究和技术突破的需求日益迫切。

在人群聚集的公共场所，行人异常行为是影响人群稳定性的重要因素。人群行为异常主要表现为行人姿态异常和语言异常，极易引起局部扰动、紊流和密度-速度波动，人群失稳引发人群踩踏。为此，本书系统介绍公共场所人群行为建模理论，借助计算机视觉技术，阐述人群异常行为的计算机视觉检测技术，介绍主流人工智能深度学习编程语言，给出了人群异常行为的计算机视觉检测程序设计与实现方法，并结合大型交通枢纽公共场所实际场景，详细介绍了人群异常行为识别案例。本书由 13 章组成，各章主要内容如下。

第 1 章介绍人群行为分析的相关理论背景，阐述行人异常行为姿态的发展现状、人群异常行为识别的发展现状、恐慌行为的研究现状、计算机视觉检测技术的发展现状、人群稳定性的研究现状；第 2 章介绍国际上知名的人群异常行为数据集；第 3 章分析行人姿态特征；第 4 章阐述基于人体姿态子节段的运动学质心模型和动力学质心模型；第 5 章论述恐慌行为识别模型；第 6 章介绍广义异常行为及其识别方法；第 7 章从系统工程角度，介绍人群异常行为扰动模型与人群内部扰动的稳定性分析；第 8 章介绍计算机视觉检测开发资源；第 9 章详细论述行人跌倒、掉头、加速奔跑等异常行为的计算机视觉检测程序设计方法；第 10 章介绍人群行为分析工具与软件；第 11 章介绍行人异常行为的其他辅助检测技术，与计算机视觉检测技术形成优势互补；第 12 章阐述人群异常行为的计算机视觉识别技术应用案例；第 13 章总结本书各章内容，并展望相关理论和技术趋势。

为便于读者阅读和程序开发，本书编写团队分享多年的科研成果，将各章节理论模型相对应的 MATLAB 仿真程序核心代码和 Python 核心代码列在本书附录部分，用于理论模型验证与读者二次开发。

本书编写工作由同济大学 CIMS（Computer Integrated Manufacturing System，计算机集成制造系统）研究中心赵荣泳副教授、同济大学可持续发展与新型城镇化智库主任韩传峰教授、同济大学 CIMS 研究中心陆剑峰副教授合作完成，由同济大学 CIMS 研究中心韦炳宇组织协调，王妍、李咪渊、贾萍、朱文杰、郑程元、李浩男、花锋、韩凌晨、蔡宇鑫、彭星竹和任嘉荣等负责各章节资料整理、数据分析及撰写完善等工作。另外，本书在撰写过程中参阅并引用了国际高引期刊论文与相关资料，所有参考文献均已列于书后，在此向参考文献的作者们表示敬意和感谢。

本书基于作者所在科研团队多年来在社会公众保护领域的研究积累撰写而成，同时也是作者主持的多项科研项目的成果结晶，主要包括：国家自然科学基金面上项目"大型活动中斜坡微路网区域人群流动模型与稳定控制策略（72374154）"（2024 年 1 月—2027 年 12 月）、国家自然科学基金面上项目"公共场所交叉通道的人群汇流动力学建模与稳定性分析（72074170）"（2021 年 1 月—2024 年 12 月）、国家自然科学基金面上项目"基于自组织临界性沙堆模型的人群疏散稳定性分析（71373178）"（2014 年 1 月—2017 年 12 月）、上海市自然科学基金面上项目"考虑恐慌传播的人群应急疏散稳定性研究（13ZR1444700）"（2013 年 7 月—2015 年 6 月）。

相关研究成果已在智能交通领域国际顶级期刊 *IEEE Transactions on Intelligent Transportation Systems* 上形成 7 篇中国科学院 SCI（Science Citation Index，科学引文索引）一区论文，在 *Journal of Management Science and Engineering*、*Journal of Computational and Nonlinear Dynamics*、*Applied Sciences* 等期刊共形成 5 篇 SCI 论文，在此对国家自然科学基金委员会、上海市科学技术委员会等科技主管部门在研究经费上给予的支持表示感谢。

受作者水平所限，书中难免存在不足之处，敬请同行专家、学者和广大读者批评指正，并提出宝贵意见和建议。

目　　录

第1章 绪　论

1.1　理论背景

随着经济社会和文化持续发展，各类公共场所正承担着越来越多的人群聚集活动(如交通、体育、宗教、商业、文化和娱乐等，见图1.1)。人群聚集风险是由多种因素共同组成的，涉及人群行为、安全措施、场所类型和通道布局等方面。其中，人群行为特征是显著因素，而行人姿态成为行为识别的重要依据[1]。如今，公共场所普遍配置网络监控摄像机，智能视频监控技术能够在具有一定学习能力的基础上，自动分析监控视频中的事件和行为，计算机视觉技术(computer vision technology，CVT)的快速发展也为行人姿态的在线识别提供有力支持[2]。

图 1.1　监控拍摄的高铁候车厅人群

图片拍摄于上海虹桥火车站，2023 年 3 月 18 日，拍摄者：同济大学公共安全实验团队

随着时代的进步，社会活动也逐渐增多，群体性的安全事件呈现频发态势[3]。2014 年 12 月 31 日，上海黄浦区外滩陈毅广场有人突然失去平衡，不慎摔倒，发生群众拥挤踩踏事故，截至 2015 年 1 月 20 日，造成 80 余人死伤[4]。2015 年 9 月 24 日，麦加朝觐者踩踏事故，由于一些朝圣者没有按照官方要求路径前行，人群发生推挤，截至 2015 年 10 月 9 日，最终至少 1399 人死亡，超过 900 人受伤[5]。2017 年 5 月 28 日，洪都拉斯足球联赛由于球票超售，球迷集聚拥挤，而发生踩踏事故，截至 2017 年 5 月 29 日，造成至少 4 名球迷死亡、25 人受伤[6]。2020 年 1 月 7 日，在伊朗克尔曼市十万人集会上发生踩踏事件，截至 2020 年 1 月 8 日，

该事件造成至少 56 人死亡、另有 213 人受伤[7]。2021 年 11 月 5 日，在得克萨斯州休斯敦举行的嘻哈音乐节期间，由于人群浪潮和恐慌造成的踩踏事件截至当晚造成 8 人死亡、23 人受伤[8]。2022 年 1 月 1 日，在印控克什米尔地区冬季首府查谟周围的一座寺庙，由于大量信徒涌入进行新年祭拜，截至 2022 年 1 月 2 日，造成至少 12 名朝圣者丧生，20 人在踩踏事件中受伤[9]。

在这些人群事故中，行人异常行为是人群踩踏事件的主要原因。因此，异常行为识别对于预防人群事故具有重要意义。目前，基于计算机视觉技术和人工智能(artificial intelligence，AI)的异常行人行为识别在人群管理领域得到快速发展，但是大多数方法只能在异常行为发生后对其视频序列进行分析，不具备对异常行为和危险行为真实发生时进行估计或预测的能力[10]。同时，公共场所人群异常行为直接影响人群稳定性，迫切需要采用科学的方法深入研究异常行为特征识别方法、演化机理和人群稳定性控制问题。人群异常行为识别能够快速抓取异常事件前兆，并辅助采取消弭措施，因此正在成为人们对探索人群行为研究的热点。为此，本书从公共场所行人异常姿态运动学与视觉特征模型、动力学分析与异常行为识别模型、行人异常行为扰动模型与人群稳定性分析等方向展开研究，将异常姿态特征识别与人群稳定性控制相结合，优化人群控制策略，相关研究方法与成果对客流疏导和应急疏散等相关前沿领域有重要价值。如图 1.2 所示，1999—2022年，异常行为识别主题相关的高质量引文及出版物数量呈现明显增长趋势，经过二十多年的研究，该主题已发展成为公众保护领域的研究热点之一。

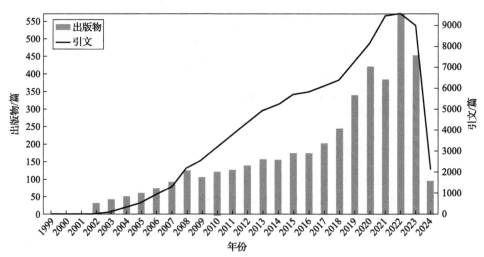

图 1.2　SCI 引文报告(主题 abnormal behavior recognition)
资料来源：Web of Science Database(科学网络数据库)，截至 2024 年 4 月 27 日

本书选题来源于国家自然科学基金面上项目"大型活动中斜坡微路网区域人

群流动模型与稳定控制策略(72374154)"。斜坡微路网是人群运动学汇流和异常行为扰动传播的空间约束和力学载体，其内部的人群流动与异常行为扰动传播机理亟待厘清。项目分析历史踩踏事件的环境场所、人群行为和管控模式三方面共性致因，聚焦大型活动场所由斜坡通道组成的微型路网区域，从人群动力学理论和计算机视觉技术互补的新视角，分析斜坡微路网区域人群流动规律和异常行为扰动机理。针对现有反馈管控模式时滞性问题，提出人群稳定性前馈控制策略，为大型活动人群安全疏导和控制提供基础理论与策略支持。以该项目为背景，本书从计算机视觉理论和技术角度，系统阐述人群异常行为识别理论、相关视觉 AI 技术及开发与应用。

1.2　国内外理论研究与技术发展现状

1.2.1　行人异常行为姿态的发展现状

人群行为异常可以分为全局异常和局部异常，全局异常出现于视频帧序列中的某一帧，该帧包含第一次出现异常的群体行为[11]，该帧之后连续记录了群体行为过程，例如在 UMN(University of Minnesota，明尼苏达大学)数据集中，包括恐慌逃散场景[12]，Hockey Fight 数据集中，包含暴力行为场景[13]；局部异常是指视频中某一小区域中的个体行为，不同于场景中的其他群体行为或者与邻近人群不一致，例如 UCSD(University of California San Diego，加利福尼亚大学圣迭戈分校)数据集的步行人群中骑自行车行为等[14]。

人群行为异常首先主要表现为姿态异常，其次为表情和声音异常等。姿态异常最具危害性和传导性。行人典型异常行为包括：速度突变、掉头、跌倒、疾病求助、聚集斗殴和暴恐袭击等。非常规行为都具有特殊运动姿态特征，其关键节点运动学和动力学特征复杂，实时识别小部分行人姿态，并及时采取措施，可避免产生局部异常或者持续累加造成全局异常，不再因失稳引发人群踩踏[15]。

行人姿态研究始于 20 世纪 70 年代[16]，应用领域包括安防系统、人机交互、体育辅助、临床矫正和康复训练等。姿态识别是一个由浅层到深层的过程，即从底层处理到高层分析的渐进过程，前者是后者的基础。底层处理包括识别跟踪、轨迹分析和手势识别等，已出现部分成熟的研究成果；高层分析则包括行人的特征抓取、姿态建模和行为识别等[17, 18]，仍处于研究探索阶段。

姿态估计流程主要包含：图像数据获取、行人边界分割、行人姿态识别和数据分类等步骤[19]。其中，行人边界分割是姿态识别的基础部分，采用行人骨骼关键点识别，并输出行人骨架信息。为完善姿态估计理论，各国研究学者开展了系统性研究。21 世纪初，英国爱丁堡大学展开了一项名为 BEHAVE 的研究，主要目的是跟踪并分析视频图像中的运动目标，判断其行为是否为异常行为[20]。美国马里兰大学自动化控制研究中心[21]则针对视频监控中的行人信息展开研究，包括行人目标跟踪、人群行为分析，以及异常事件识别等。另外，国内王玉坤等提出了一种基于模糊数学的行为识别方法[22]。林海波等基于行人关节角度，提出一种姿态描述方法并采用支持向量机，在 Kinect 平台上建立了行人骨骼模型[23]。行人姿态识别能在一定程度上反映其行为状态和趋势，而异常行为识别是人群风险辨识的重要环节。

目前，异常姿态识别的大部分都是行人个体短期行为，且多数研究集中在基于视频帧回放的事后行为识别。对于群体场景下，突发事件带来的人群运动状态和群体行为影响以及事前预测的相关研究较少。

1.2.2　人群异常行为识别的发展现状

异常行为识别从大量的视频数据中学习经验，实现像素级、帧级或视频级的异常行为识别。基于不同的数据形式，异常行为识别方法可分为三种：有监督、半监督、无监督。

1) 有监督异常行为识别方法

监督的分类方法属于传统的分类问题，即在建模之前对所有的正常数据和异常数据都进行标签标记，视频识别以此为标准判定正常和异常。支持向量机(support vector machine，SVM)训练是常用的监督分类方法之一，例如 Miao 和 Song[24]为了快速获得最优特征子集，提出一种基于遗传算法和支持向量机的混合优化模型，提高了异常识别的准确性。Kim 等[24]提出了一种集成测地线图和支持向量机的人体关节估计算法，前者用于优化关节范围，后者使用随机选择的人体特征来减少计算量，实现对人类行为中异常的识别。近年，卷积神经网络(convolutional neural network，CNN)被广泛应用于拥挤场景中的异常行为识别研究，Hinami 等[25]提出一种监控视频中异常事件的联合识别与重述方法，利用动作、对象及其属性三个视觉任务训练卷积神经网络获取事件的语义信息，之后将它们与预先设定的评分规则结合，作为新的特征输入到异常识别器中继续训练，进而获得更高层次的异常事件语义信息。

2) 半监督异常行为识别方法

半监督的分类方法只需要对正常数据进行标签标记，目前有两种实现方案：基于规则和基于模型。

在基于规则的方法中，数据训练集只含有正常样本，并进行特定规则学习，在测试阶段不满足此规则的样本就判定为异常。例如 Lu 等[26]提出一种稀疏编码方法来识别异常行为，可以在非常短的执行时间内完成异常识别(每秒 150 帧)，但是阈值选择的细小偏差对识别效果都有着至关重要的影响。Zhu 等[27]通过在稀疏重构的各个主要成分上引入先验权重来实现异常识别，提高了测试样本中的鲁棒性。Chen 等[28]使用模糊聚类和多个自动编码器(fuzzy clustering and multiple auto-encoders，FMAE)来检测监控视频中的异常行为，首先将训练样本即运动目标信息进行分组，其次将不同类型的行为进行汇总编码，最后定位识别视频中的异常行为。

在基于模型的方法中，采用正常样本来构造模型，在测试阶段将偏离模型的样本判为异常。其中，常用的模型有：高斯混合模型(Gaussian mixture model，GMM)、隐马尔可夫模型(hidden Markov model，HMM)和马尔可夫随机场(Markov random field，MRF)。例如文献[29]由正常行为构建高斯混合模型，模型中的参数采用人群分布特征和人群流动速度来估算，最终对异常行为进行识别。文献[30]采用隐马尔可夫模型，以行人轨迹作为标准，判定测试样本中的时空信息块是否存有异常。文献[31]首先使用高斯混合模型进行聚类，接着引入马尔可夫随机场来估计测试阶段的似然分数，同时增加光加速和光流梯度直方图两个特征，识别效果较好。

3) 无监督异常行为识别方法

无监督的识别方法属于典型的聚类问题，依靠样本数据之间的相关性而非先验知识，进行正常事件的建模，然后把相似度非常低的事件看作异常事件。Alvar 等[32]采用主集的无监督学习框架进行异常行为识别，鲁棒性较强。Ren 等[33]采用非负矩阵分解(non-negative matrix factorization，NMF)来学习特征空间，采用支持向量数据描述方法来衡量特征空间中实例的聚类程度，最终识别出异常。Ravanbakhsh 等[34]则采用生成式对抗网络(generative adversarial nets，GAN)，对正常场景的帧图像和光流图进行训练，得到正常行为的内部表示，将其与测试样本的外观表示和运动表示相比较，计算局部符合程度，从而实现异常区域的定位，这之中包含了生成模型和识别模型间的博弈。

综上，目前异常行为识别方法大多数将行为分为正常和异常两个类别，拥挤场景中对每种行为进行标记成本较高，无法保证标记能够覆盖全部异常行为。当存在遮挡时，单个人体目标行为识别的精度会有所下降。

1.2.3　恐慌行为的研究现状

目前，针对恐慌行为的研究主要集中于恐慌行为的识别与恐慌行为对人群疏散的影响等方面。另外，在人群动力学领域，许多研究者尝试将行人的心理因素以及情绪干扰模型融合到社会力模型、基于智能体和基于速度的行人模型中。van Minh 等[35]将情绪理解为个体对各种刺激的评价所引起的一种特殊心理状态，开发了一种简单二维情绪模型(以情绪强度为 y 轴，情绪持续时间为 t 轴)，并将其集成到疏散模拟中。Lhommet[36]等描述了从人格特质到情绪感染强度和易感性的计算映射。Xu 等[37]考虑了多灾害源下的情绪感染模型，认为每个智能体最终的恐慌情绪由灾害源直接诱发、个体之间的情绪传播以及恐慌情绪的衰减这三部分相加得到。在其个体间情绪感染模型中，如果一个智能体 i 的情绪值大于其表现力阈值，那么他就会将其情感传染给他人。他们将情绪模型融入 RVO(reciprocal velocity obstacles，相互速度障碍区)模型中。恐慌行人的速度方向由远离灾害源的安全方向和邻居是否处于恐慌状态共同决定。陈长坤等[38]结合决策理论和情绪感染模型相关理论，并考虑了恐慌模型对行人决策的影响和恐慌情绪本身的动力学特性，如情绪感染和衰减等，采用元胞自动机方法，建立了考虑恐慌的基于场域模型的行人决策修正模型。关文玲等[39]提出了一种基于系统动力学的人员恐慌动力学模型，用于弥补以往疏散模型难以对人群状态进行准确量化仿真的缺陷。丁男哲等[40]针对社会力模型中对行人感知描述不够细致的问题，通过增加行人视野范围描述以及重新定义行人自运动状态等方式来完善社会力模型，很好地模拟出了人群的从众现象。

1.2.4　计算机视觉检测技术的发展现状

当前，计算机视觉检测技术正处在一个飞速发展的阶段，得益于深度学习、大数据和高性能计算的发展，其在图像处理、目标检测与目标追踪等方面取得了显著进步。语义分割是图像处理中的重要任务。

1)语义分割

语义分割基于计算机视觉强大的特征提取能力，将输入图像中的每个像素进行分类，以确定该像素所属的类别或对象标签。目前有三种类别语义分割算法：传统图像分割算法、基于卷积神经网络和基于 Transformer 的语义分割算法，其中后两者已经成为主流的研究方向。

虽然现阶段语义分割研究的主体是基于深度学习的方式，但这并不意味着传统图像分割算法的价值可以被忽视。事实上，这些经典方法在特定场景下能够迅速、有效地解决问题，并且它们简洁的原理和实施方式可以为深度学习模型提供参考思路。例如 Kapur 等[41]提出最大熵的算法，将信息论中的最大熵原理与图像阈值分割相结合。通过计算图像中各个灰度级的熵值来量化目标区域与背景区域在该灰度级下的信息含量，找出最佳阈值。Rainieri 等[42]给出了一种用 Fourier(傅里叶)参数模型来描述基于边缘的分割方法，并根据 Bayes(贝叶斯)定理，按极大后验概率的原则给出了一个目标函数，通过极大化该目标函数来决定 Fourier 系数。

基于卷积神经网络的语义分割算法是图像处理和计算机视觉领域的一项重大突破，相较于传统图像分割方法主要依赖于低级语义特征(如颜色、纹理和形状信息)，这种方法能够更有效地提取并利用图像的中高层语义信息，即识别和区分图像中的不同对象和实体。例如 Long 等[43]提出全卷积网络(fully convolutional network，FCN)是语义分割的开端，通过上采样、跳跃连接和中间层的辅助损失函数等技术，捕捉多层次的语义信息，从而有效地完成语义分割任务，并可以进行端到端训练。Ronneberger 等[44]提出 U-Net，专门用于生物医学图像分割任务，采用独特的 "U" 形结构，使得模型能够有效地从多层次提取和恢复图像特征。通过跳跃连接机制在多次下采样和上采样过程中维持和利用高级别的特征信息，从而提高分割的精度。DeepLab 系列[45]是由 Google(谷歌)团队开发的一种先进的语义图像分割网络。其近年来进行了多次版本升级：DeepLabV1、DeepLabV2、DeepLabV3、DeepLabV3+，通过使用深度卷积神经网络结构来捕获图像中的多尺度信息，同时利用空洞卷积(或称为带孔卷积)来扩展卷积核的视野。

基于 Transformer 架构在自然语言处理(natural language processing, NLP)领域取得了显著的成功后，研究者开始探索将其应用于计算机视觉任务，特别是语义分割。Transformer 的自注意力机制允许模型捕获图像中的长距离依赖关系和上下文信息，这为语义分割任务带来了新的解决思路和显著的提升效果。例如 Segmenter 是基于 Transformer 的编码器-解码器结构，专注于对输入数据进行细致的语义或像素级分割任务[46]。Segmenter 在设计中，会将图像分割成固定大小的 patches(块)，然后通过嵌入层转化为向量表示，这有助于模型学习更高效的图像特征表示。SegFormer 利用了 Transformer 中的多头自注意力机制来处理视觉特征，并设计了 "Segmentation Transformer Encoder"(分割 Transformer 编码器)模块，对输入图像进行分块嵌入，提取并融合全局上下文信息，在解码阶段生成像素级别的分类预测，实现在保持高分割精度的同时，具有较低的计算复杂度和更少的参数量[47]。

2) 目标检测

目标检测技术需要判断图像中是否存在特定类别的对象，如行人、车辆、动物或日常物品等，并且需要为每个目标画出精确的边界框，以明确标示出该对象在图像中的位置。目标检测技术主要分为传统目标检测算法和基于深度学习的目标检测算法，传统检测算法存在一些局限性，比如窗口冗余、检索速度慢、检测精度低等问题，随着深度学习的发展，利用多结构网络模型及训练算法完成图像中目标的检测、定位及分类任务，提高了图像目标检测的精度和性能。基于深度学习的目标检测算法可以分为两阶段和一阶段两种。

两阶段方法先由 Selective Search(选择性搜索)、EdgeBoxes(边缘检测)、RPN

(region proposal network, 区域生成网络)[48]等算法生成一系列作为样本的候选框, 再通过卷积神经网络进行样本分类和定位。一阶段方法则不用产生候选框, 直接将目标边框定位的问题转化为回归问题处理, 可分为基于锚框和无锚框两种。

基于锚框的目标检测算法是近几年的主要研究方向。自 Faster R-CNN 的提出以来, 基于锚框已被广泛应用于多种目标检测算法中[48]。SSD(single shot multibox detector, 单次多框检测器)算法创新性地采用了多尺度检测策略, 在检测过程中, 通过单一神经网络生成不同尺度的多个特征图来捕捉不同大小的目标物体。计算每个锚框与真实框之间的类别置信度后, 运用非极大值抑制技术剔除重叠且得分较低的预测框, 保留最高分的预测结果作为最终检测输出。RetinaNet(retina network, 视网膜网络)是一种结合了 FPN(feature pyramid network, 特征金字塔网络)和 Focal Loss(焦点损失)的高效目标检测算法[49]。RetinaNet 利用 FPN 构建多尺度特征层次, 每个层级产生多个候选框进行目标预测。其中, 创新点在于提出的 Focal Loss 损失函数, 通过动态调整分类损失权重, 有效地解决了训练过程中因正负样本比例失衡导致的目标检测问题。Ultralytics 等提出了 YOLOv5, 此算法是在 YOLOv4 原有架构上进行了创新拓展。在训练阶段, YOLOv5 对输入数据采用了创新的数据增强策略——Mosaic 技术, 通过拼接多幅图像以增加模型的泛化能力。在网络结构设计上, YOLOv5 在 Backbone 层融入了 Focus 模块, 有效减少了参数量并降低了计算复杂度, 提升了网络运行速度。

基于无锚框的目标检测算法也有一些较为经典的算法。例如 CornerNet 提出了一种基于目标区域的左上角和右下角位置来实现检测的方法[50]。该方法使用单卷积网络来预测矩形框左上角和右下角位置的热度图, 并生成一个用于连接这两个角点的嵌入向量(embedding vector)。通过对左上、右下的角点进行合适的匹配, 从而实现目标检测。FCOS(fully convolutional one-stage object detection, 全卷积单阶段物体检测)2 是直接利用坐标进行训练和预测的策略[51]。其判定正样本的标准是基于预测的坐标框是否与真实的框有重叠。具体而言, 如果预测的坐标框与任何真实框有重叠, 则被视为正样本; 如果没有重叠, 则为负样本。当一个坐标框与多个真实框有重叠时, 系统会选择与之重叠面积最小的真实框作为其目标。

3) 目标追踪

目标追踪也是计算机视觉领域的重点研究方向。近年来, 深度学习方法已经取代了传统的特征工程方法, 使得追踪算法能够更准确地捕获目标的特征和动态。同时, 为了应对实时应用的需求, 研究者正在不断优化算法以提高计算效率和实时性能。目标追踪是一个动态过程, 目标是在视频序列中持续追踪目标物体, 确保连续帧之间的一致性和准确性。基于深度学习的目标跟踪算法大致分为三类: 基于深度特征的方法、基于孪生网络的方法及基于 Transformer 的方法。

在基于深度特征的目标追踪方法上，复用了现有的目标追踪的结构框架，通过利用预训练的深度神经网络提取的特征取代传统人工特征。例如 Henriques 等[52]提出的 KCF(kernelized correlation filter，核相关滤波器)是视觉追踪领域具有代表性的算法之一，它将多通道数据映射到非线性空间，实现从线性空间的脊回归到非线性空间的转换。同时 KCF 算法采用了循环矩阵傅里叶空间对角化的方法来简化计算，并通过循环偏移操作在目标周围进行稠密采样。尽管 KCF 算法在视觉追踪领域取得了显著进展，但其初版缺乏尺度估计步骤。为此，Jeong[53]等对 KCF 算法进行了改进，引入了尺度滤波器以获得更优的追踪效果。Danelljan 等[54]在 SRDCF(spatially regularized discriminant correlation filter，空间正则化判别相关滤波器)的基础上提出了 DeepSRDCF 追踪方法。结合深度特征的优势与 SRDCF 的空间正则化思想，在傅里叶域中进行优化以实现高效且精确的目标追踪。通过这种方式，DeepSRDCF 能够更好地应对复杂场景下的光照变化、遮挡和形变等挑战，并提升了目标追踪的精度和稳定性。2016 年，Danelljan 等[55]为了解决使用单分辨率特征图带来的限制，基于 DCF(discriminative correlation filter，判别式相关滤波器)方法推出了连续卷积算子追踪器(continuous convolution operator tracker，C-COT)技术，旨在改进和优化目标追踪性能。与传统的单帧追踪方法不同，C-COT 通过使用连续的卷积操作和多分辨率特征图来捕获目标的丰富信息和上下文关系。

鉴于在复杂场景和变化环境中对现有目标的深度特征提取和实时追踪很难达到实时性要求，为了应对这类问题，基于端到端训练的孪生网络追踪方法由于稳定、准确及鲁棒的目标追踪能力，逐渐成为研究的焦点。Bertinetto 等[56]建立了一种端到端训练的新型全卷积 Siamese(孪生)网络 SiamFC(siamese fully convolutional)，利用孪生网络结构，其中一个分支用于处理搜索图像(通常是目标在先前帧的位置)，而另一个分支处理目标图像(当前帧中的目标候选区域)。这两个分支共享权重，并通过比较它们的特征表示来计算目标的相似度分数。然而，由于传统的 SiamFC 方法在复杂场景和具有大尺度变化的目标追踪任务上仍然存在一些限制。Li 等[57]提出了孪生区域生成网络(siamese region proposal network，Siamese-RPN)追踪方法，在孪生网络的基础上，引入了 RPN 来生成候选目标区域。RPN 能够在搜索帧中产生多个候选框，这些框表示可能包含目标的区域。Zhu 等[58]提出了干扰物感知孪生网络(distractor-aware siamese region proposal network，DaSiamRPN)追踪方法。与传统的 Siamese-RPN 不同，DaSiamRPN 特别关注于提升对复杂场景中干扰物的抵抗能力。它通过改进特征提取、注意力机制或损失函数设计等方式，增强模型在存在相似对象或其他干扰因素时区分目标的能力。

基于 Transformer 的目标追踪方法是近年来计算机视觉领域中的一个研究热点。Transformer 架构最初是为自然语言处理任务设计的，但其强大的注意力机制、序列建模及特征提取与融合能力也在目标追踪领域得到了探索和应用。Wang 等[59]首次将 Transformer 结构引入单目标追踪领域，不同于 Transformer 在自然语言处理中的使用场景。在单目标追踪场景下，Transformer 可以用来有效地建模视频帧之间的空间和时间依赖，以及目标与背景之间的交互。通常会利用 Transformer 的编码器-解码器结构来处理视觉特征。为了达到性能和效率上的高度平衡，改进 Transformer 架构设计，与 SiamFC 和 DiMP(discriminative model prediction，判别模型预测)[60]追踪器相结合，生成追踪模型 TrSiam 和 TrDiMP。在 TrSiam 中，Transformer 使得追踪器能够更好地理解和预测目标物体在视频序列中的运动状态。在 TrDiMP 中，Transformer 用于处理时空特征表示和目标状态预测，通过自注意力机制增强对视频序列中目标运动模式的学习和理解能力。Chen 等[61]提出了 TransT(Transformer tracking，Transformer 追踪)目标追踪方法，通过引入基于注意力机制的特征融合网络来解决 Siamese 追踪器中存在的语义信息损失和局部最优问题。该方法利用自身上下文增强(ego-context augment，ECA)和交叉特征增强(cross-feature augment，CFA)模块来优化特征表示，采用了经过优化的 ResNet50 架构进行特征提取，并利用自适应的注意力机制有效地融合模板和搜索特征图。

综上，计算机视觉检测技术在图像处理、目标识别与追踪等方面取得显著进步。其中在人群行为识别领域，以上提到的语义分割、目标检测和目标追踪技术都是至关重要的组成部分，它们共同服务于对大规模人群的行为模式分析、个体行为识别以及群体行为的理解。例如，可以使用语义分割来区分人群与背景以及其他物体；通过目标检测识别出人群中的不同个体及他们的动作；而目标追踪则能够连续地记录个体在群体中的运动轨迹，进而全面分析和理解人群行为的整体动态。

1.2.5　人群稳定性的研究现状

稳定性是人群系统保持安全流动的重要前提。近年来，关于人群稳定性的研究仍是一个重要主题，国内外学者也提出了不同的研究方法。其主要分为四类：统计分析法、控制理论法、数理推算法和机器视觉法，相关研究如表 1.1 所示。

表 1.1　近年来人群稳定性的相关研究统计

序号	年份	作者	人群稳定性研究方法	方法类别
1	2009	Varadarajan J, Odobez J M	概率潜在语义分析	机器视觉法
2	2010	Wadoo S A, Kachroo P	非线性反馈控制器	控制理论法
3	2015	Mukherjee S, Goswami D, Chatterjee S	Lyapunov(李雅普诺夫)能量函数	数理推算法
4	2016	Santos-Reyes J, Olmos-Peña	MORT 技术和 FIST 模型	统计分析法
5	2017	Qin W, Cui B T, Lou X Y	线性反馈控制器	控制理论法

序号	年份	作者	人群稳定性研究方法	方法类别
6	2021	Zhao R Y 等	卷积神经网络	机器视觉法
7	2022	Zhao R Y 等	Lyapunov 稳定性判据	数理推算法
8	2021	Feng Y, Duives D, Daamen W, et al.	文献资料分析	统计分析法
9	2022	王妍	Lyapunov 稳定性分析	机器视觉法

注：MORT，即 management oversight and risk tree，管理监督风险树；FIST，即 force、information、space、time，力、信息、空间、时序模型

(1) 统计分析法。通过资料收集，文献检索分析过往人群灾害事件，探讨人群非稳定性因素，给出人群管理意见。2016 年，Santos-Reyes 和 Olmos-Peña[62]对 2008 年 6 月 20 日发生在墨西哥城的踩踏事件进行分析，运用 MORT 方法和 FIST 模型，分析提炼出一场灾难中引起人群不稳定的因素和导致人群灾难的致命因素。2021 年，Feng 等[63]系统地回顾了 145 项研究，统计发现虽然行人行为在传统的紧急情况下，即自由交通事故下，不稳定性因素得到了广泛的研究，但新的高危情况(如地震、恐怖袭击、踩踏)却没有得到足够的关注。

(2) 控制理论法。基于控制系统反馈的思想，预测交互作用群体矩阵定性群体行为，进一步判断系统结构是否合理。系统结构合理性与稳定性呈正相关，稳定性若过低则需要对系统结构进行调整使其合理化，以减少疏散过程中的人群内部扰动的发生与传播。2010 年，Wadoo 和 Kachroo[64]设计非线性反馈控制器，包括对流、扩散和对流扩散控制，利用偏微分方程讨论控制稳定性。2017 年，Qin 等[65]基于质量守恒定律建立人群动力学模型，采用扩散模型表示模型中密度和速度逻辑关系。反馈控制器使用偏微分方程反馈线性化方法进行设计，控制人群稳定性，使人群按照特定的方向和速度保持在稳定状态进行疏散。

(3) 数理推算法。以流体动力学和交通流理论为基础建立宏观人群流动动力学守恒方程，利用系统稳定性判断理论，进行数理推算人群流动稳定性。2015 年，Mukherjee 等[66]提出了一种基于拉格朗日法的人群动力学建模方法，该方法考虑了人群成员之间所受的各种力，构造合适的 Lyapunov 能量函数，证明所建立的运动系统的稳定性。Zhao 等[67]采用二维 Aw-Rascle 动态流动模型来构建"T"形路口区域的行人汇流动力学，再利用 Lyapunov 稳定性判据原理对行人人群的稳定性进行分析，为非对称行人合并布局提出了一种新的稳定性标准。

(4) 机器视觉法。通过视频图像资源，获取人群运动特征，设计人群行为异常识别模型，判断人群稳定性。2009 年，Varadarajan 和 Odobez[68]采用无监督学习方法，依赖概率潜在语义分析(probabilistic latent semantic analysis，PLSA)，应用

于丰富的视觉特征，以发现此类场景中发生的相关活动模式。2021 年，Zhao 等[69]基于实时获取的人群流动图像，采用 CNN 计算人群密度，通过上海虹桥交通枢纽换乘大厅等场所的案例仿真，利用支持向量机分类从时空上分析了人群稳定性。

目前，数理推算法可以描述时滞性人群扰动机理，为了捕捉扰动前兆，可与机器视觉法相结合，探索异常行为扰动机制与传播动力学演化特征，采取提前干预措施，确保人群系统稳定。

1.2.6　研究现状综述

综上所述，公共场所行人异常行为识别、动力学演化机理对于人群稳定性控制研究尤为重要。行人姿态识别可以有效发现人群异常扰动前兆，而无法完全支持人群流动稳定性分析；人群动力学稳定性分析方法可以描述时滞性人群扰动机理，而难以捕捉扰动前兆。

为此，本书将两者相结合，基于机器视觉识别的人体关键节点，考虑人体不同躯体节段质量非线性分布特征，构建动力学质心模型；考虑节段关节约束和几何距离，提出动力学质心力矢量，分析人体姿态节段动力学特征，建立行人异常行为识别模型；分析异常行为扰动作用机理及传播动力学特征，确定人群稳定性边界，研究行为扰动消弭机制。本书的研究将提供全新角度的行人异常行为识别方法，丰富人群流动稳定性控制方法体系，为城市公共场所人群安全疏导提供决策支持。

1.3　章 节 布 局

本书首先分析人群异常姿态行为识别和人群稳定性的研究现状，阐述人群异常行为与恐慌行为的计算机视觉检测技术。其次，介绍主流 AI 深度学习编程语言，给出人群异常行为的计算机视觉检测程序设计与实现方法，并结合大型交通枢纽公共场所实际场景，详细介绍人群异常行为识别案例。本书理论研究架构及各章的主要研究内容如下。

第 1 章绪论。本章各节先后论述了行人异常行为姿态、人群异常行为识别、恐慌行为、计算机视觉检测技术、人群稳定性分析的国内外研究现状，论述各理论模型的优缺点，阐述研究目的和意义，以及研究内容和研究方法。

第 2 章人群异常行为数据集。该章各节先后从数据规模、数据来源、行为类型及特点介绍了目前国际公开的主流人群异常行为数据集，并给出了其中的典型异常行为示例和网络链接。

第 3 章基于视频的人体姿态特征识别。该章各节介绍了智能视频监控系统的架构以及视频异常识别流程，总结了行人目标识别和姿态特征提取方法，引入了 2D（二维）和 3D（三维）骨骼信息特征。

第 4 章基于人体姿态子节段的运动学与动力学质心模型。该章各节先后分析二维和三维运动学静态质心模型的缺点，根据人体骨骼关键点，提出改进的姿态子节段动力学质心模型，对正常行走进行步态解析，建立基于动力学特性的异常行为识别模型。

第 5 章恐慌行为识别模型。基于徘徊动态轨迹特征，构建运动轨迹识别模型；基于动力学质心，构建行人加速奔跑行为识别模型和跌倒行为识别模型；基于正常交流行为音频特征和恐慌行为音频特征，构建恐慌行为音频特征识别模型；基于不同场景的恐慌语义统计分析，构建恐慌语义模型；基于深度学习网络 FER-net，构建恐慌表情识别模型；最后，建立基于轨迹-姿态-音频-语义-表情多维数据融合的恐慌行为识别模型。

第 6 章广义异常行为识别方法。该章各节介绍广义异常行为的定义及其特征、广义异常行为识别方法评价指标，分别介绍了人工设计方法、帧重构方法、帧预测方法、端对端的异常分数计算方法和综合性方法。

第 7 章异常行为扰动与人群稳定性分析。该章各节分析行人压力特征，建立异常行为扰动的动力学模型，结合压力和扰动力，提出扰动消弭模型。在行人流中研究人群扰动传播，利用 Lyapunov 稳定性理论进行相关推导，获得人群流动的稳定性演化特征。

第 8 章计算机视觉检测开发资源。该章各节介绍了可用于人群行为分析的计算机视觉检测开发资源，包括图像处理库 OpenCV、人体姿态估计库 OpenPose 和 AlphaPose、囊括多种人体视觉任务的 MediaPipe 框架和 OpenMMLab 平台及高级编程语言 Python。

第 9 章异常行为计算机视觉检测程序设计。该章各节介绍了跌倒、掉头、加速奔跑、跳跃、骑行、逆行和人群拥挤等多种常见异常行为的检测程序设计的应用案例。

第 10 章人群行为分析工具与软件。该章各节介绍了多种人群行为分析工具与软件，包括一些商业化产品和开源应用。

第 11 章其他辅助检测技术。该章各节先后引入其他辅助检测技术：穿戴式惯性传感器、智能手机 APP（application，应用）、UWB 定位和柔性压力传感器。

第 12 章应用案例。该章阐述了人群异常行为的计算机视觉识别技术应用案例。

第 13 章总结与展望。该章总结本书各部分内容，并展望理论和技术趋势。

第2章 人群异常行为数据集

2.1 CUHK Avenue 异常行为数据集

　　CUHK Avenue 数据集是由香港中文大学(The Chinese University of Hong Kong，CUHK)的研究团队于 2013 年在香港中文大学校园内制作的，该数据集包括 16 个训练视频片段和 21 个测试视频片段，视频的分辨率为 640×480，时长从 9 s 到 1 min 不等。其中，数据集中的典型异常行为包括奔跑、向上抛物品、逆行、立定跳等。CUHK Avenue 数据集的下载网址为：http://www.cse.cuhk.edu.hk/leojia/projects/detectabnormal/Avenue_Dataset.zip，其典型的异常行为样例如图 2.1 所示。

图 2.1　CUHK Avenue 异常行为示例

2.2 UCSD 异常行为数据集

UCSD Peds1、Peds2 异常行为检测数据集由加利福尼亚大学圣迭戈分校的研究团队于 2014 年收集制作。UCSD 数据集被分成 2 个子集，每个子集对应于不同的场景。每个场景中录制的视频被分成若干个大约 200 帧的视频片段，视频的分辨率为 238×158。人行道上的人群密度各不相同，从稀疏到非常拥挤不等。数据集中的异常行为包括车辆在人行道上行驶、行人骑自行车、溜冰，以及在周围草地上行走。其中 Peds1 包含 34 个训练样本和 36 个测试样本；Peds2 包含 16 个训练样本和 12 个测试样本，数据集的下载网址为：http://www.svcl.ucsd.edu/projects/anomaly/dataset.htm。数据集中典型的异常行为样例如图 2.2 所示。

图 2.2　UCSD 异常行为示例

2.3　ShanghaiTech Campus 异常行为数据集

ShanghaiTech Campus 异常行为数据集是由上海科技大学(Shanghai Tech University)的研究团队在上海科技大学校园内收集制作的，该数据集于 2018 年公开，它包含了 330 个训练视频以及 107 个测试视频，视频的分辨率为 856×480。数据集中总计包含 130 个异常行为事件，如奔跑、抢劫、推搡、跌倒、徘徊等异常行为。数据集的下载网址为：https://svip-lab.github.io/dataset/campus_dataset.html。数据集中典型的异常行为样例如图 2.3 所示。

图 2.3 ShanghaiTech Campus 异常行为示例

2.4 UCF 异常行为数据集

UCF-Crime 是由中佛罗里达大学(University of Central Florida，UCF)的研究团队于 2018 年在 YouTube 和 LiveLeak 视频网站上收集的一个包含 128 h 视频的大型数据集。它由 1900 个长且未经修剪的真实世界监控视频组成，视频的分辨率大部分为 240×320，其中包含 13 个真实的异常行为，包括虐待、逮捕、纵火、袭击、交通事故、入室盗窃、爆炸、打斗、抢劫、射击、偷窃、入店行窃和故意破坏。数据集的下载网址为：https://visionlab.uncc.edu/download/summary/60-data/477-ucf-anomaly-detection-dataset。

2.5 UMN 异常行为数据集

UMN 异常行为数据集是由明尼苏达大学的研究团队在不同的室内和室外环境中通过监控摄像头拍摄制作的,该数据集包含 1 个视频片段,分辨率为 320×230，时长为 2 min 40 s。视频中由几个不同场景中发生的人群异常行为片段组成，其中包含人群分散这一异常行为。数据集的下载网址为 http://mha.cs.umn.edu/proj_events.shtml，其中的典型异常行为样例如图 2.4 所示。

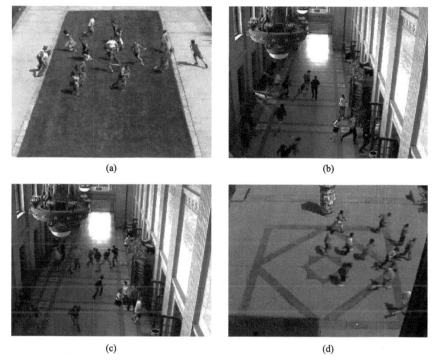

图 2.4　UMN 异常行为示例

2.6　PETS2009 异常行为数据集

PETS 2009（performance evaluation of tracking and surveillance，追踪与监控性能评估 2009）异常行为数据集由英国雷丁大学的研究团队在校园内拍摄制作，主要包含了步行、奔跑、疏散、聚集、分散等人群行为，视频的分辨率大小为 720×576。数据集的下载网址为：https://github.com/crowdbotp/OpenTraj/blob/master/datasets/PETS-2009/README.md，其典型的人群行为样例如图 2.5 所示。

(c) (d)

图 2.5　PETS2009 异常行为示例

2.7　本 章 小 结

　　本章主要介绍了目前国际公开的主流人群异常行为数据集，包括 CUHK Avenue 异常行为数据集、UCSD 异常行为数据集、ShanghaiTech Campus 异常行为数据集、UCF 异常行为数据集、UMN 异常行为数据集和 PETS2009 异常行为数据集，并给出了相应的背景介绍和网址链接。上述人群异常行为数据集为分析人群行为和设计视觉算法提供了数据基础。

第3章　基于视频的人体姿态特征识别

3.1　智能视频监控原理

3.1.1　视频异常识别系统

随着室内外监控摄像机数量的不断增加，由于工作人员的疏忽和疲劳，以及信息本身的复杂性，在使用传统的视频监控方法识别异常时，往往会导致任务效率低下且烦琐。因此，利用智能视频监控系统对异常行为自动且快速识别，对保障公共安全和社会秩序管理具有重要意义。

智能视频监控系统是近年来的新兴技术产业，主要以人工智能、智能硬件、互联网为基础快速发展[70]。基于计算机视觉的智能视频监控系统的研究可分为三个层次[71]，其层次关系如图 3.1 所示。其中，底层视觉模块的任务是由摄像机等设备采集视频，从视频图像序列中检测目标和跟踪目标。中层视觉模块的任务是解决底层与高层间的语义间隔，提取运动目标的关键信息，进行多摄像机数据融

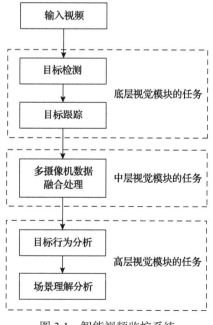

图 3.1　智能视频监控系统

合并做出相关判断。高层视觉模块的任务是对目标的行为分析与场景理解分析，包括姿态识别、行为识别、事件认知等。各个模块之间相互承接，实现智能视频监控。

　　视频异常识别就是从大量视频中快速地识别出异常事件，预防危险发生，保障公共安全。一般地，实现这一目标需要三个步骤，分别对应图 3.1 智能视频监控系统中的底层、中层、高层视觉模块的任务，首先对视频序列进行前景分割和运动目标检测，其次进行特征提取与行为表征，筛选出基本事件，最后迅速高效地识别异常事件[72]。异常行为识别和异常行为检测略微有些差异，异常行为识别主要针对行为识别，将具体行为与样本库进行比对；异常行为检测主要针对异常识别，重点不在于具体行为，而在于异常的判定。因此前者对于局部个体的异常行为识别效果较好，后者对于全局人群的异常事件识别效果较好[73]。识别流程如图 3.2 所示。

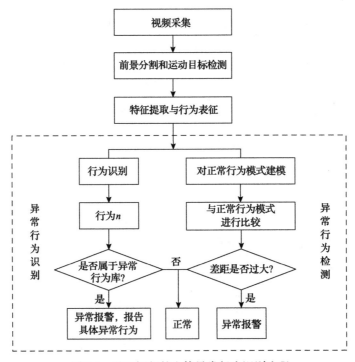

图 3.2　基于视频的人体异常行为识别流程

3.1.2　人群异常行为特征

　　目前，对人群异常行为有如下定义：当前场景下，目标做出的一切不适宜的动作、姿态或事件等。异常行为通常具备如下特征：不可预知性、环境相关性、局部时空性、无周期性、突发性、短时性、低频性等[74]。表 3.1 给出了异常行为识别技术常用场景及各场景下的特定异常行为[75, 76]。

表 3.1　常用场景及各场景下的特定异常行为

场景	异常行为	场景	异常行为
交通工具	乞讨、携带宠物	加油站	吸烟、打电话
公交站点	人车碰撞、滞留	公园	踩踏草坪、乱扔垃圾
工厂车间	迟到早退、违规操作	水库	游泳、溺水
高速公路	行走、骑行、占用车道	超市	恶意损坏物品
医院走廊	聚集、大声喧哗	查票口	强行闯入、尾随通行
银行 ATM	奔跑、徘徊	考场	扭头、东张西望
手扶电梯	逆行、攀爬、探头	电梯轿厢	蹦跳、扒门
办公楼大厅	跌倒、掉头、徘徊、速度突变	候车厅	跌倒、掉头、徘徊、速度突变

从不同角度出发，可将异常行为划分为以下几种不同类型。

(1)从事件的性质出发，可分为暴力行为(持枪、持械)和非暴力行为。

(2)从空间的位置出发，可分为区域入侵行为、区域徘徊行为等。

(3)从行为的对象出发，可分为个体行为异常(如倒地、逆行、奔跑)、群体行为异常(如踩踏、聚集、恐慌)、人人交互异常(如打架、推搡)和人物交互异常(如恶意损坏公共物品及设施)等[77]。

可见，异常行为的类型具有多样性，特征也不尽相同，因此应根据具体的应用场景来选择合适的特征提取和识别方法，提高识别效率，及时防范危险。此外，本书研究分析历史上的人群踩踏事故记录[78, 79]，发现在人群聚集的办公楼大厅和高铁、地铁候车厅等公共场所，典型异常行为包括：跌倒、掉头、徘徊、速度突变等，这些异常行为成为影响人群稳定性的主要因素。

3.2　行人目标识别方法

目标识别是人体识别的第一步，需要将行人作为前景目标从视频序列的背景中分离出来。按照行人目标与摄像机之间的关系，目标识别方法可分为两类，静态背景和动态背景下的运动目标识别。静态背景下的识别是指摄像机在整个监视过程中固定不动，只有行人目标相对于摄像机的运动[11]；若是摄像机在监视过程中移动或者旋转，则表示动态背景下的识别。目前，常见的静态背景下运动目标识别方法包括光流法、背景减除法、帧间差分法和基于深度学习的行人识别方法。

3.2.1 光流法

光流的概念是由 Gibson (吉布森) 在 1950 年提出的, 光流指视频序列中运动像素的瞬时速度, 像素在时间和空间上的变化情况, 通常由摄像机的移动、物体的移动和物体本身形变产生[80]。因此, 根据以上概念, 光流可以直观表现出图像中物体的运动状态, 具体计算方法为: 视频中某一帧的像素点 (x, y, t), 经历一段时间 Δt 后, 移动到 $(x+\Delta x, y+\Delta y, t+\Delta t)$, 由于像素点的灰度值 I 不受到像素点本身移动的影响, 因此 $I(x, y, t) = I(x+\Delta x, y+\Delta y, t+\Delta t)$。通过对时间求偏导数可获得该点处的光流为

$$
\frac{\partial I}{\partial x}\frac{\Delta x}{\Delta t} + \frac{\partial I}{\partial y}\frac{\Delta y}{\Delta t} + \frac{\partial I}{\partial t} = 0
$$
$$
\frac{\partial I}{\partial x}V_x + \frac{\partial I}{\partial y}V_y + \frac{\partial I}{\partial t} = 0
$$

(3.1)

式中, V_x 和 V_y 分别是该像素点横轴和纵轴方向的瞬时速度。

光流法的优点在于不依赖背景的静态与动态, 并且不需要事先获得背景数据, 可以直接计算运动信息。但是光流法的缺点也很明显, 其算法计算量较大, 识别实时性较差, 对硬件也有较高要求。

3.2.2 背景减除法

背景减除法[81]的关键就是背景模型的建立与更新, 通过提前建立背景模型, 与视频序列中的当前帧做差来提取运动目标。背景图像是目标识别中的必要因素, 需要随着光照或外部环境的变化实时地更新。

$$
f_d(x, y) = \begin{cases} 1, & |f_k(x, y) - B(x, y)| \geqslant T \\ 0, & |f_k(x, y) - B(x, y)| < T \end{cases}
$$

(3.2)

式中, $f_k(x, y)$ 是当前帧图像; $B(x, y)$ 是背景图像; T 是给定的阈值; $f_d(x, y)$ 是差分后的阈值化图像。对当前帧 $f_k(x, y)$ 与背景图像 $B(x, y)$ 之间的像素点求差值, 若它们的差值大于或等于阈值 T, $f_d(x, y)$ 的二值化后的结果为 1, 即判断该点为前景运动目标, 否则就认为是背景目标。

背景减除法的优点在于利用它可以提取出相对完整的目标区域, 同时算法简单、运算速度快。但是其对于外界变化敏感度太高, 容易受到光照等环境影响, 使得背景图像的初始或者更新都存在误差, 造成识别准确性下降。

3.2.3　帧间差分法

帧间差分法包括两帧差分和多帧之间的差分，两帧差分最简易的实现方式就是利用视频序列中相邻两帧之间像素值的差分来提取运动目标轮廓[82]：

$$f_d(x,y) = |f_{k+1}(x,y) - f_k(x,y)| \tag{3.3}$$

$$M(x,y) = \begin{cases} 1, & f_d(x,y) \geqslant T \\ 0, & f_d(x,y) < T \end{cases} \tag{3.4}$$

首先将第 k 帧图像 $f_k(x,y)$ 延迟一段时间，其次对它与当前第 $k+1$ 帧图像 $f_{k+1}(x,y)$ 求差值，得到两帧之间的差分图像 $f_d(x,y)$。最后通过对 $f_d(x,y)$ 进行阈值化处理后得到二值化图像 $M(x,y)$。设阈值大小为 T，若差分图像 $f_d(x,y)$ 中的像素点灰度值大于或等于阈值 T，即判断该点为前景运动目标，否则就认为是背景目标。

帧间差分法的优点是不需要考虑背景更新，可以在实时运动目标识别中应用，算法简单，实现性高。但是帧差法的识别效果受两个因素影响：一是两帧之间时间间隔，如果设置得过小，可能会识别不到运动较慢的前景目标的轮廓，如果设置得过大，前后两帧之间运动目标位置没有重合的地方，会直接被判定为两个运动目标，降低了识别准确度；二是阈值 T，如果阈值设置得过小，会导致细小的噪声也被识别为前景目标，增大识别干扰，如果阈值设置得过大，当运动目标与背景色调较为接近时，会导致目标轮廓无法完全分离。

3.2.4　基于深度学习的行人识别方法

本书在第 1.2.4 小节中提到，深度学习在目标检测和目标追踪等计算机视觉领域取得了重大进展，此类技术目前已趋于成熟，可应用于从监控视频定位和追踪行人，如图 3.3 所示。由于行人识别等视频内容分析对算法的实时性有一定要求，因此，在实际应用中，研发人员通常倾向于选择一阶段的方法。在下文中，将介绍典型的一阶段目标检测算法 YOLOv5。YOLO（you only look once）算法最早由 Redmon（雷德蒙）提出，其核心思想是将目标检测任务转化为回归问题，并通过单个神经网络输出目标的坐标和分类，而不需要先提取候选区域。Redmon 在 YOLOv1 的基础上提出了 YOLOv2 和 YOLOv3，在此之后，各国研究人员在 YOLOv3 的基础上提出了 YOLOv4、YOLOv5 和 YOLOX 等多种变体，其中，YOLOv5 因其优秀的效率被广泛部署在算力有限的端侧设备。输入图片先经过多个特征提取层提取多尺度特征，特征提取层主要由借鉴了 ResNet 的残差组件组成。在特征提取的过程中，特征图的尺寸逐渐缩小，这一过程也被称为下采样，主要目的是多尺度地提取前景目标的特征。为了检测图像中不同大小的物体，YOLO 算法借鉴了 FPN 的思想，采取了多尺度特征融合的架构。具体地说，YOLO 算法将尺寸小的特征图经过上采样后与较大尺寸的特征图拼接起来，以实现多尺度的特征融合。

图 3.3　基于深度学习的行人识别效果

拍摄位置：虹桥机场行李区右侧出口；拍摄时间：2019 年 6 月 10 日；拍摄人：同济公共安全实验团队

在网络最后的输出层中，YOLO 算法对网络的输出进行解码操作，从而得到矩形框的坐标。如图 3.4 所示，b_h 和 b_w 分别表示预测框的长和宽，P_h 和 P_w 分别代表先验框的长和宽。t_x 和 t_y 表示物体中心距离网格左上角位置的偏移，t_w 和 t_h 为尺度缩放，c_x 和 c_y 表示网格左上角的坐标。其中，t_x、t_y、t_w 和 t_h 为网络实际学习的目标，b_x、b_y、b_w、b_h 即边界框相对于特征图的位置和大小，两者之间的转换可根据图 3.4 中的公式进行。

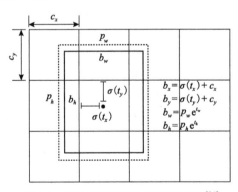

图 3.4　先验框与预测框的位置关系[84]

在深度学习中，模型是否能够学习训练数据的关键一步就是设计损失函数。YOLO 等目标检测算法的损失函数通常包含三个部分，分别是边界框损失 $\text{loss}_{\text{bbox}}$、置信度损失 loss_{obj} 和分类损失 loss_{cls}。边界框损失代表预测框与真实框之间的重叠率，通常用 IoU（intersection over union，交并比）表示［后续的改进算法提出了 GIoU（generalized intersection over union，广义交并比）、CIoU（complete intersection over union，完备交并比）等］；置信度损失代表该位置是否存在目标物体的误差；分类损失则代表物体预测类别与真实类别的误差。各部分损失函数的计算公式见式(3.5)、式(3.6)、式(3.7)。

$$\text{loss}_{\text{bbox}} = \lambda_{\text{coord}} \sum_{i=0}^{S^2} \sum_{j=0}^{B} 1_{ij}^{\text{obj}} \left[\left(x_i - \hat{x}_i \right)^2 + \left(y_i - \hat{y}_i \right)^2 \right]$$
$$+ \lambda_{\text{coord}} \sum_{i=0}^{S^2} \sum_{j=0}^{B} 1_{ij}^{\text{obj}} \left[\left(\sqrt{w_i} - \sqrt{\hat{w}_i} \right)^2 + \left(\sqrt{h_i} - \sqrt{\hat{h}_i} \right)^2 \right] \tag{3.5}$$

$$\text{loss}_{\text{obj}} = \sum_{i=0}^{S^2} 1_i^{\text{obj}} \sum_{c \in \text{classes}} \left(p_i(c) - \hat{p}_i(c) \right)^2 \tag{3.6}$$

$$\text{loss}_{\text{cls}} = \sum_{i=0}^{S^2} \sum_{j=0}^{B} 1_{ij}^{\text{obj}} \left(C_i - \hat{C}_i \right)^2 + \lambda_{\text{noobj}} \sum_{i=0}^{S^2} \sum_{j=0}^{B} 1_{ij}^{\text{noobj}} \left(C_i - \hat{C}_i \right)^2 \tag{3.7}$$

3.3　姿态特征提取方法

特征提取是指从视频图像中提取关键信息来表示行为的过程，特征选取的适合与否将直接影响异常行为识别的准确性和快速性[73]。本节对近些年特征提取方法研究成果进行总结，重点展开介绍人体外观、运动轨迹、骨骼信息等三类与姿态相关的特征，如图 3.5 所示。

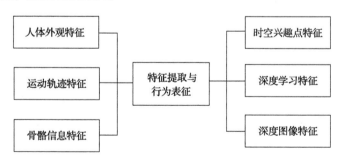

图 3.5　人体主要行为特征

3.3.1　人体外观特征

基于人体外观的特征提取方法将单个人体看作目标，提取人体的轮廓、质心、运动方向等特征来描述目标行为。人体的运动信息常通过光流场、运动历史图等方法进行表征[85]。Bobick 和 Davis[86]提出了一种基于视图的人体运动表示和识别方法，结合时间信息构造运动特征的函数，将时间模板与存储的已知动作视图实例相匹配，以此实现行为识别。胡芝兰等[87]提取视频前景帧的块运动方向，块运动方向可表征不同行为，进行归一化直方图统计后得到对应的行为特征，计算复杂度小，可实现实时监控。Li 等[88]考虑拥挤场景中异常行为识别定位，提出了一种时空异常联合检测器，以及基于外观和运动信息的混合动态纹理模型。Wang 等[89]考虑帧之间运动特征的连续性，将加速度信息与光流特征融合，构造混合光流直方图，引入时空显著性确定方法和稀疏表示方法，有效地识别各种类型的异常。

　　基于人体外观特征的行为识别方法，在普通场景下识别准确率较高，尤其是行人数量较少、运动特征明显时，然而在一些背景复杂、人群密集的场景中，难以获得理想的效果。

3.3.2　运动轨迹特征

　　基于运动轨迹的特征提取方法通过运动目标的位置、长度、速度等信息构造特征。其核心思路是在训练阶段获得一个正常轨迹的标准，然后在测试阶段将目标轨迹与之进行比较，若是目标轨迹的偏离程度较大，则判定其行为异常。Junejo[90]通过对象轨迹来构建场景模型，在训练阶段，输入轨迹的位置、速度、加速度和时空曲率等特征，采用动态贝叶斯网络学习，在测试阶段进行路径聚类和异常识别，效果良好。Jiang 等[91]提出了一种上下文感知方法实现异常行为识别，考虑视频对象的点异常、对象轨迹的顺序异常和多个视频对象的共现异常，在每个级别上执行基于频率的分析，以自动发现正常事件的规律。Mo 等[92]采用稀疏重建技术，基于目标跟踪和轨迹分析方法，最终实现多目标联合异常识别。Kang等[93]对轨迹预处理分段，利用隐马尔可夫模型表征轨迹组的运动模式特征，引入贝叶斯信息准则来衡量轨迹组之间的相似性，最终动态聚类后实现视频中的异常行为识别。

　　基于运动轨迹特征的行为识别方法，其效果在很大程度上取决于目标跟踪的准确性，当目标数量较小时，该方法一般可以满足识别需求，但在人流密集的地方或是复杂的场景中，出现行人遮挡、目标丢失等问题，该方法就存在不可避免的局限性。

3.3.3　基于二维骨骼信息的姿态特征

　　基于二维人体骨骼信息的特征提取方法是通过姿态估计，获取人体关键部位的位置信息，构建描述人体行为的特征向量。相比于信息丰富但冗余的连续图像帧或视频，人体骨架能更简洁有效地表示行为动作信息。本书选择使用 COCO（common objects in context，上下文中的常用对象）数据集中记录人体骨骼关键点的骨架模型描述人的姿态信息。COCO 数据集中的骨架模型[94]包括 17 个骨骼关键点：鼻子（nose）、左眼（left eye）、右眼（right eye）、左耳（left ear）、右耳（right ear）、左肩膀（left shoulder）、右肩膀（right shoulder）、左肘（left elbow）、右肘（right elbow）、左手腕（left wrist）、右手腕（right wrist）、左髋（left hip）、右髋（right hip）、左膝盖（left knee）、右膝盖（right knee）、左脚踝（left ankle）、右脚踝（right ankle）。骨架模型的示意图如图 3.6 所示。通过捕捉这些关键点的位置信息，可以准确地表示人体的姿态信息和动作信息。

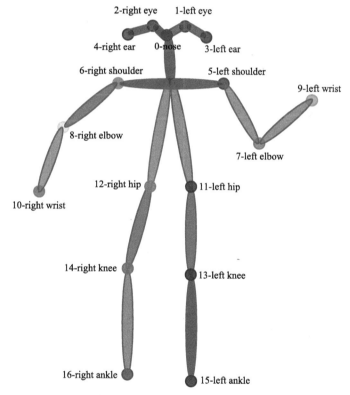

图 3.6　COCO 数据集中骨架模型

为了支持人体行为识别，该方法的核心是进行人体识别和骨骼关节点识别，并利用目标跟踪算法跟踪这些关键点。Fujiyoshi 等[95]利用人体头部与四肢的 5 个关键点，构建"星"骨架，从骨架化结果中确定身体姿态等运动特征，不需要先验人体模型或大量目标像素，计算成本低。目前，姿态估计方法可识别的人数在增加，精度和速度也在不断提升。

近年来,应用于行为识别的关键点数量不断增长,已超过 20 个关键点。在姿态估计的研究中,有自顶向下(top-down)和自底向上(bottom-up)两种方式。自顶向下的方式是先检测出来人体,通过识别算法获得人形轮廓,再对单个人进行姿态估计,定位出人形轮廓内的关键点,将其连接后识别人体行为[96],这种方式较为直观,提取精度较高。自底向上的方式则是先检测出人体关节点,再对关节点聚类后连接与分组,最后拼接成人体骨架[97]。这种方式的识别速度不受图像内人数影响,且只需对图片进行一次识别。

以 AlphaPose 开源库为例,AlphaPose 首先通过 YOLOv3 等目标检测网络输出输入图像中每一个人的位置,位置信息用矩形框(x, y, w, h)表示,其中x、y、w、h分别代表矩形框的中心点横、纵坐标和矩形框的宽、高;其次,根据这些矩形框对原始图片进行切片操作,得到若干张只含有单个人的子图片;最后,将每一张子图片作为单人骨骼关键点检测网络的输入数据,进而预测出人体骨骼关键点的热力图(heatmap)。其中,热力图上每一点的值代表了这一点为骨骼关键点的概率。这一过程如图 3.7 所示。

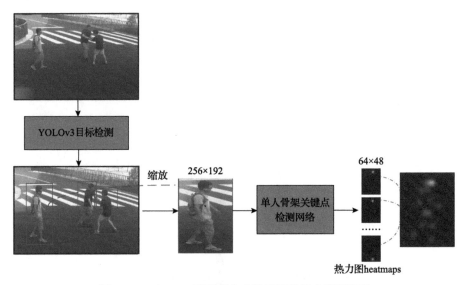

图 3.7　AlphaPose 实现多人人体骨骼关键点检测流程

作为一个不断更新和兼容性强的开源库,AlphaPose 内置多种单人骨骼关键点网络供开发者选择,包括快速姿态估计网络 FastPose[98]、高分辨网络 HRNet(high resolution network)[99]等。本章以 FastPose 为例介绍如何实现单人人体骨骼关键点检测。FastPose 以大小为$3 \times h \times w$的 RGB(red green blue,三原色)图片为输入,输出为关节点的热力图,输出层的尺寸为$N \times h' \times w'$,其中N、h'、w'分别代表关键点个数、热力图的高和宽。FastPose 网络以 ResNet 为特征提取器,然后通过

3 个密集上采样层(dense upsampling convolution，DUC)对提取到的特征进行上采样，最后使用一个1×1的卷积层得到输出层(output layer) Z 。FastPose 的网络架构如图 3.8 所示，其中，DUC 层首先通过1×1的卷积层将输入特征图的通道数扩大为原来的 4 倍，接着使用像素重组(PixShuffle)将特征图尺寸放大，从而得到高分辨率的特征图。

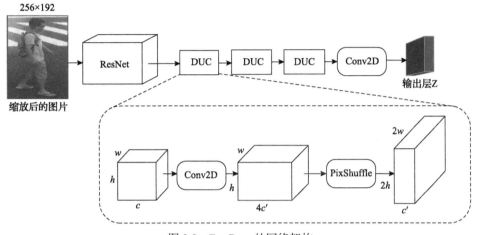

图 3.8　FastPose 的网络架构

在得到 FastPose 输出层 Z 后，关键点的热力图 C 为

$$c_x = \text{Signoid}(z_x) \tag{3.8}$$

式中，z_x 是输出层 Z 中 x 位置上的值；c_x 是热力图中 x 位置上的值。骨骼关键点的置信度 conf 为

$$\text{conf} = \max (C) \tag{3.9}$$

骨骼关键点坐标 $\hat{\mu}$ 可由式(3.10)得到

$$\hat{\mu} = \Sigma \left(x \cdot \frac{c_x}{\Sigma C} \right) \tag{3.10}$$

FastPose 作为 AlphaPose 开源库提供的单人人体骨骼关键点检测模型，在检测速度和检测精度上实现了很好的平衡。在保持与 HRNet 相当的关键点预测准确度的同时，FastPose 实现了远超过 HRNet 的检测速度。

AlphaPose 这类自顶向下方法需要先检测图像中的行人，其算法的耗时随着人数增加而线性增长，这对设备性能提出了很高的要求。而以 OpenPose 为代表的自底向上算法首先检测一幅图像中的人类肢体，其次通过匹配算法将同一个人的肢体连接起来。在 OpenPose 中，输入为 $h \times w$ 的图像先经过一个两分支多阶段的卷

积神经网络 (two-branch multi-stage CNN)，如图 3.9 所示，第一分支的每个阶段都会预测置信度图 S^t，第二分支的每个阶段都会预测部分亲和域 (part affinity field，PAF) L^t。

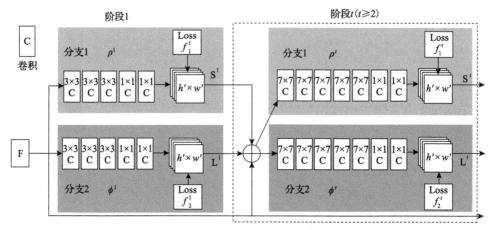

图 3.9　OpenPose 中的两分支多阶段的卷积神经网络[97]

PAF 是由一组流场 (向量) 组成的表示，这些流场 (向量) 对可变数量的人的身体部位之间的非结构化成对关系 (手与肘，肘与肩) 进行编码 (图 3.10)。相比于前人的方法，OpenPose 有效地从 PAF 中获得成对分数，而无须额外的训练步骤。这些分数足以让贪婪解析获得具有实时性能的高质量结果，并用于多人估计。

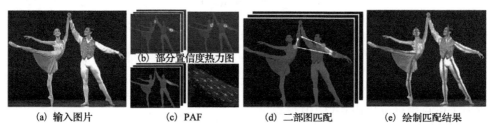

图 3.10　OpenPose 检测人体骨骼关节点的算法架构[97]

基于人体骨骼信息的姿态估计不易受光线和背景变化的影响，具有较好的鲁棒性和适应性，被广泛应用于异常行为识别技术。相比于图像特征，骨骼特征更为紧凑，结构更强，对人体运动的描述更加具体。

3.3.4　基于三维骨骼信息的姿态特征

基于三维人体骨骼信息的特征提取方法是从深度图像序列中获取人体关键点的位置信息，建立人体骨骼模型，利用关键点的变化来表征人体行为。目前，主流的方法可以分为基于单目图像和多目图像。对于单目图像，一种简单的做法是直接预测骨骼关节的 3D 热力图[100]，并采取端对端的训练方式，如图 3.11 所示。

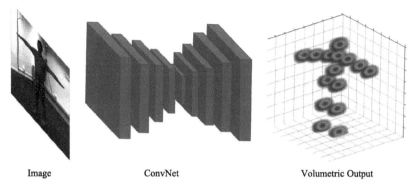

Image　　　　　　　ConvNet　　　　　　Volumetric Output

图 3.11　直接预测骨骼关节点

图 3.11 中 Image 为人体图像，ConvNet 为卷积神经网络，Volumetric Output 为体积输出[100]。另外，由于 3D 姿态标注的难度和成本较高，可以通过 2D 的姿态估计算法先提取 2D 骨骼坐标，然后在 3D 网格空间坐标上进行 3D 关节点推理，该方法被称为 2D-to-3D lifting（二维到三维提升）。SimpleBaseline3D 是其中的一种经典算法，该方法以 2D 关键点坐标作为输入，通过残差连接的全连接层直接将将 2D 姿态映射到 3D 空间[101]。尽管模型非常简单，但该算法在当时达到了 SOTA（state of the art，最先进水平），并通过实验证明了目前大多数 3D 姿态估计算法的误差主要来源于对图像信息的理解过程，而不是 2D-to-3D lifting 过程。图 3.12 为 SimpleBaseline3D 的网络架构。SimpleBaseline3D 以 2D 关节坐标为输入，将 3D 关节坐标的预测问题转换为回归任务。

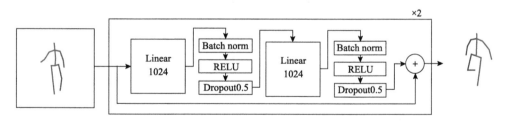

图 3.12　SimpleBaseline3D 的网络架构

单目 3D 姿态估计是一个不适定问题，因为一个视角下的 2D 图像可能对应着不同的 3D 姿态。另外，自遮挡、深度不确定和物体遮挡等问题使得单目图像的方法应用场景有限。多目 3D 姿态估计以多视角的图像为输入，可以更精确地恢复 3D 姿态。

Dong 等[102]提出了一种多向匹配算法，用于对所有视图中的 2D 姿态进行聚类，每个聚类编码了同一个人在不同视角的 2D 姿态和 3D 姿态的对应关系，如图 3.13 所示。该算法结合几何信息和人体的外观信息来寻找各个视角中人的对应

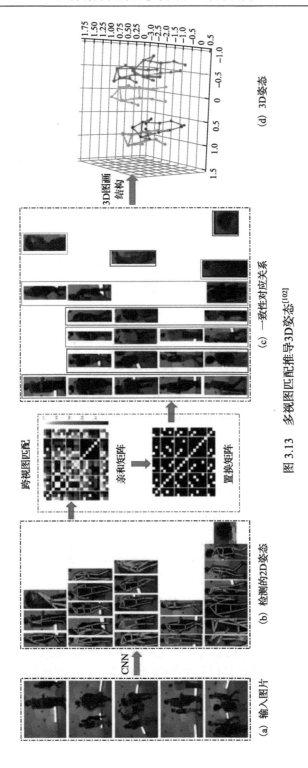

图 3.13　多视图匹配推导3D姿态[102]

关系，同时加入回路一致性约束来保证多视角匹配的一致性。假设场景中有 V 个摄像机，并在视图 i 中检测到 p_i 个人体边界框。对于一对视图 (i,j)，可以计算视图 i 和视图 j 中两组边界框的相似度分数，得到亲和度矩阵 A_{ij}。另外，两组人体边界框之间的对应关系由矩阵 $P_{ij} \in \{0,1\}^{p_i \times p_j}$ 表示，并满足双随机约束：

$$0 \leqslant P_{ij}1 \leqslant 1, 0 \leqslant P_{ij}^{\mathrm{T}}1 \leqslant 1 \tag{3.11}$$

因此，寻找对应关系的问题可转化为以 $\{A_{ij} \mid \forall i,j\}$ 为输入，通过优化求解 $\{P_{ij} \mid \forall i,j\}$。所求解的优化问题具体如下（$\mathcal{C}$ 表示满足双随机约束的矩阵集合）：

$$\begin{aligned} &\min_P -\langle A, P \rangle + \lambda \|P\|_* \\ &\mathrm{s.t.}\ P \in \mathcal{C} \end{aligned} \tag{3.12}$$

完成上述对应关系求解后，接下来需要在给定一个人在不同视图下的 2D 姿态的条件下，重建出 3D 姿态。为了充分整合 2D 姿态估计中的不确定性并结合人体骨骼的结构先验，Dong 等基于 3D Pictorial Structure（3D 图画结构，3DPS）模型提出了一种高效的推理方法。3D 姿态可以表示为 $T = \{t_i \mid i = 1, \cdots, N\}$，其中，$t_i$ 为关节点的位置坐标。输入的多视图 2D 图像表示为 $I = \{I_v \mid v = 1, \cdots, V\}$。3D 姿态的后验分布为

$$p(T \mid I) \propto \prod_{v=1}^{V} \prod_{i=1}^{N} p\big[I_v \mid \pi_v(t_i)\big] \prod_{(i,j) \in s} p\big(t_i, t_j\big) \tag{3.13}$$

式中，$\pi_v(t_i)$ 是 t_i 在第 v 个视图中的 2D 投影，似然度 $p\big[I_v|\pi_v(t_i)\big]$ 由基于 CNN 的 2D 姿势检测器输出的 2D 热力图给出，用于表征每个关节的二维空间分布；$p\big(t_i, t_j\big)$ 是关节 t_i 和 t_j 之间的结构依赖性，这隐含地限制了它们之间的骨骼长度。

此时，3D 姿态的推理可由最大化 $p(T|I)$ 得到。如图 3.14 所示，该算法能在不同视图中建立人物的对应关系，自动识别场景中的人物数量，并重建人物的 3D 姿态。另外，当他们将重建后的 3D 姿态投影回 2D 姿态时，得到的 2D 姿态也比原始输入要精确得多。

上述介绍的方法依赖于 2D 姿态估计，算法的误差在很大程度上取决于多视角下 2D 姿态估计的质量，并且算法的耗时随着场景人数增加而增多。为此，一些单阶段的方法被提出用于提高 3D 姿态估计的效率。Zhang 等[103]提出了一种基于 Transformer 的多视图姿态算法（multi-view pose transformer，MvP）。MvP 将骨骼关节表示为可学习的查询嵌入（query embedding），并设计了一种投影注意力机制来融合每个关节的跨视图信息。这种将多人 3D 姿态估计视为一个多视角姿态

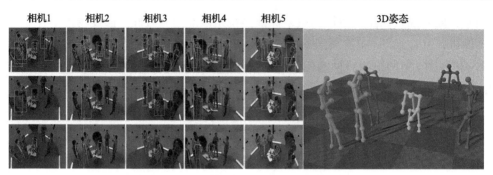

图 3.14　多视图推理 3D 姿态算法的效果[102]

变换器模型的回归问题的思想，实现了无中间任务的单阶段解决方案。

3.4　本 章 小 结

本章首先介绍了智能视频监控原理，以及底层、中层和高层的视觉模块的任务，将其对应至视频异常识别系统，明确各层具体任务和异常行为识别流程，并进一步介绍了人群异常行为的定义、特征、类型。其次，介绍了底层的行人目标识别方法，如光流法、背景减除法、帧间差分法和基于深度学习的行人识别方法，分析优缺点和应用场景。最后，介绍了中层的特征提取方法，重点对与姿态特征相关的人体外观特征、运动轨迹特征、二维和三维骨骼信息特征展开介绍。

第4章 基于人体姿态子节段的运动学
与动力学质心模型

4.1 概　述

人体质心移动范围是行人步态运动学分析的一个重要指标[104]。质心作为行为特征，受外界因素如环境和非目标噪声影响较小，可以完全展示目标的位置变化和速度变化，有利于后续行为分析准确性的提高。因此，本章重点研究质心的计算获取，利用计算机视觉技术识别出的人体骨骼关键点数据，建立全新的人体动力学质心模型。

首先，介绍传统的运动学质心模型，从静态的二维和三维两个角度分析其存在的缺点。其次，基于二维图像的关键点标记，借鉴三维身体节段法的思路，重新划分人体姿态子节段，考虑各子节段的质量分布，建立运动的动力学质心模型。采用子节段加权法提出质心力的概念，作为异常行为判定的重要特征。最后，对正常行走场景进行对比研究，验证运动质心的可行性，能够更加真实地反映行人运动状态。本章框架如图 4.1 所示。

4.2　运动学质心模型

4.2.1　基于灰度值的二维质心

基于灰度值的二维质心的实现主要通过人体外观特征，利用外接矩形框对目标进行标识[106]，识别出目标后，提取目标的位置轮廓特征，找到目标区域边界点在固定坐标轴上的相对坐标，记录坐标对应的最大值和最小值，则目标区域的外接矩形框可表示为[(x_{min}, y_{min}), (x_{max}, y_{max})]，如图 4.2 所示。当行人静止不动时，该静态二维质心与动力学质心保持一致。

其中，点 p_1 对应坐标是 (x_{min}, y_{min})，点 p_2 对应坐标是 (x_{max}, y_{max})，则该矩形区域可用 p_1 和 p_2 来表示，记为 Rect[p_1, p_2]。图 4.3 为实际场景中的行人目标识别展示。

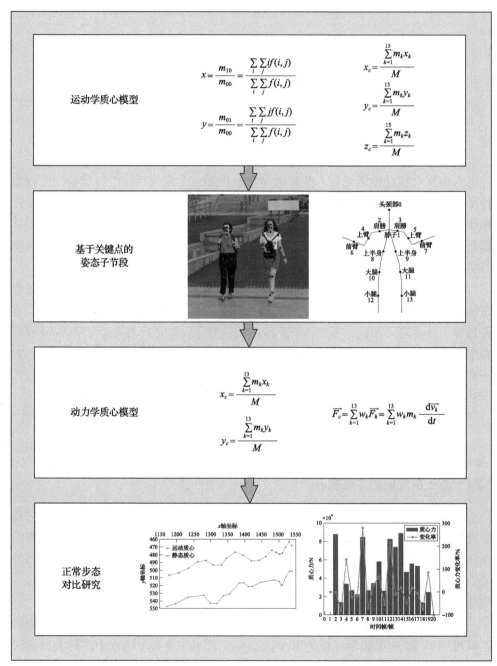

图 4.1　基于人体姿态子节段的动力学质心研究框架[105]

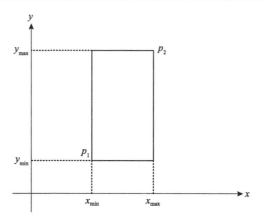

图 4.2　目标识别区域

图 4.3　实际场景中的行人目标识别[107]

接着，人体目标的质心可以表示为

$$
x = \frac{m_{10}}{m_{00}} = \frac{\sum_i \sum_j i f(i,j)}{\sum_i \sum_j f(i,j)}
$$

$$
y = \frac{m_{01}}{m_{00}} = \frac{\sum_i \sum_j j f(i,j)}{\sum_i \sum_j f(i,j)}
$$

(4.1)

式中，m_{00} 是外接矩形框左下角点，这里定为原点坐标，原点坐标的选取不唯一；m_{10} 和 m_{01} 分别是外接矩形框在 x 轴与 y 轴上的交点坐标值；$f(i,j)$ 是目标图像的灰度值。

基于图像的静态质心位置由灰度值所得，灰度值指的是单个像素点的亮度，灰度值越大表示越亮[108]。现在大部分的彩色图像都是采用 RGB 颜色模式，要分别对 RGB 三种分量进行处理，该模式仅仅从光学的原理上调配颜色，并不能反映图像的形态特征[109]。因此，受光照等环境因素影响，基于灰度值的二维静态质心坐标存在较大的误差。

4.2.2　基于关键点的三维质心

随着在深度视频序列中检测人体骨骼算法的不断改进，骨骼信息成为更加有效且抽象的人体特征。其中，微软公司开发的产品 Kinect 深度相机被广泛应用。骨骼关键点识别算法是 Kinect 的核心算法[110]，该算法首先通过评估深度图像的每个像素点来判断人体的不同部位，其次根据决策树分类器来指定每一个像素在每一个对应躯体部分的可能性，进而挑选出具有最大概率的躯体部分区域，再次由计算分类器指出躯体特定部位的关节位置。最后，根据可视范围内的位置信息对用户身体骨架进行标记，实时追踪到人体骨骼关节坐标。

利用 Kinect 骨骼关节坐标，Õunpuu 等[111]提出的身体节段法是质心测量的"金标准"，该方法根据 20 个人体骨骼关键点，将人体分为颈部、胸腹部、左(右)上臂、左(右)前臂、左(右)手掌、骨盆、左(右)大腿、左(右)小腿、左(右)脚等 15个独立的身体节段，每个身体节段包含近端坐标和远端坐标，关键点标记如表 4.1和图 4.4 所示，定义一个身体节段质心位置的计算公式为

$$x_k = x_p l_p + x_d l_d$$
$$y_k = y_p l_p + y_d l_d \quad\quad (4.2)$$
$$z_k = z_p l_p + z_d l_d$$

式中，(x_k, y_k, z_k) 是节段质心坐标；(x_p, y_p, z_p) 是节段近端的坐标；(x_d, y_d, z_d) 是节段远端的坐标；l_p 是从近端到末端的节段长度比例；l_d 是从远端到末端的节段长度比例，参数详情如表 4.2 所示[104]。

表 4.1　身体节段法的关键点标记

序号	身体部位	序号	身体部位
1	头	8	左手
2	肩膀中心	9	右肩
3	脊柱	10	右肘
4	髋关节中心	11	右腕
5	左肩	12	右手
6	左肘	13	左髋关节
7	左腕	14	左膝

续表

序号	身体部位	序号	身体部位
15	左脚踝	18	右膝
16	左脚	19	右脚踝
17	右髋关节	20	右脚

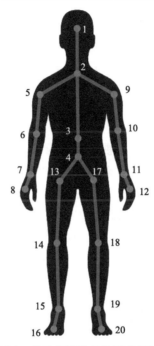

图 4.4　身体节段法的关键点标记图

表 4.2　身体节段法的计算参数

序号	人体节段	节段标记点 (近端—远端)	节段质量/人体总质量	节段质心/节段长度	
				近端 l_p	远端 l_d
1	颈部	1—2	0.081	1.000	0.000
2	胸腹部	2—4	0.355	0.500	0.500
3	左(右)上臂	5—6/9—10	0.028	0.436	0.564
4	左(右)前臂	6—7/10—11	0.016	0.430	0.570
5	左(右)手掌	7—8/11—12	0.006	0.506	0.494
6	骨盆	4—(13 和 17)的中点	0.142	0.105	0.895
7	左(右)大腿	13—14/17—18	0.100	0.433	0.567
8	左(右)小腿	14—15/18—19	0.0465	0.433	0.567
9	左(右)脚	15—16/19—20	0.0145	0.500	0.500

最后，利用各节段质心位置来计算人体总质心位置，其计算公式为

$$x_c = \frac{\sum_{k=1}^{15} m_k x_k}{M}, y_c = \frac{\sum_{k=1}^{15} m_k y_k}{M}, z_c = \frac{\sum_{k=1}^{15} m_k z_k}{M} \tag{4.3}$$

式中，(x_c, y_c, z_c) 是人体质心的坐标；(x_k, y_k, z_k) 是第 k 段的坐标；m_k 是第 k 段的质量；M 是 15 个身体节段的总质量。

4.3　动力学质心模型

4.3.1　基于图像的关键点标记

人体骨骼关键点识别是计算机视觉领域的基础性技术，通过识别人体关键骨骼点（如关节、五官等）的空间坐标来描述人体的骨骼信息，用于获取人体姿态、预测人体行为、识别异常行为[112]。

在现有的图像获取人体关键点的相关技术中，较为成熟常用的是 15 个、18个、21 个或 25 个关键点，同时为了提高识别的准确性，通常会多加一些面部关键节点以确保不丢失行人个体[113]。本章研究中（图 4.5），采用 21 个关键节点：头顶、左耳、右耳、左眼、右眼、鼻子、左嘴角、右嘴角、脖子、左肩、右肩、左手肘、右手肘、左手腕、右手腕、左髋部、右髋部、左膝、右膝、左脚踝、右脚踝。详见表 4.3。

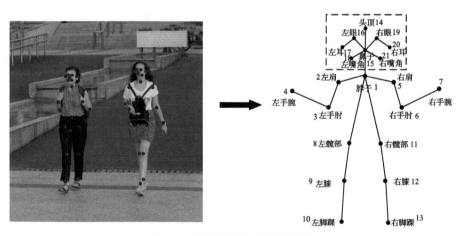

图 4.5　基于图像的关键点标记

表 4.3　基于图像的关键点标记

序号	身体部位	序号	身体部位	序号	身体部位
1	脖子	8	左髋部	15	鼻子
2	左肩	9	左膝	16	左眼
3	左手肘	10	左脚踝	17	左耳
4	左手腕	11	右髋部	18	左嘴角
5	右肩	12	右膝	19	右眼
6	右手肘	13	右脚踝	20	右耳
7	右手腕	14	头顶	21	右嘴角

4.3.2　改进的人体姿态子节段

上文中的身体节段法常用于人体康复领域研究，虽然人体骨骼关键点的选取更为符合实际，但大多需要依靠额外的传感器来获取所需数据，会限制人的自由运动[114]。因此，本书结合现有的人体关键点研究，从视频图像中提取行人关键点坐标，借鉴三维身体节段质心法的思想，进行子节段的重新划分，建立新的动力学质心模型和质心求解公式。

定义表 4.2 中的两个概念：节段质量权重=节段质量/人体总质量，节段质心系数=节段质心/节段长度，便于下文阐述。

主要的处理步骤如下。

(1)步骤 1：头部。将面部 8 个关键节点(序号为 14—21)取平均处理成 1 个头部节点，标记为 0。

$$x_0 = \frac{\sum\limits_{i=14}^{21} x_i}{8}, y_0 = \frac{\sum\limits_{i=14}^{21} y_i}{8} \tag{4.4}$$

式中，(x_i, y_i) 是头顶、左耳、右耳、左眼、右眼、鼻子、左嘴角、右嘴角的节点坐标。

(2)步骤 2：手部。子节段关键节点有左腕、左手、右腕、右手四个，而在图像关键节点中仅有左手腕、右手腕两个。将前臂和手两个节段合并成一个前臂节段，节段质量比采用求和 0.016+0.006=0.022，由于手节段的质量相对较小，且原始的节段质心系数(近端 0.506，远端 4.494)基本接近节段中点，因此忽略手节段的影响，新的前臂节段质心系数不改变。

(3)步骤 3：脚部。子节段关键节点有左脚踝、左脚、右脚踝、右脚四个，而在图像关键节点中仅有左脚踝、右脚踝两个。将小腿和脚两个节段合并成一个小腿节段，节段质量比采用求和 0.0465+0.0145=0.061，同理新的小腿节段质心系数也不改变。

(4)步骤 4：上半身。图像识别出的人体关键点缺少脊柱和髋关节中心节点(即图 4.4 中的 3 和 4 节点)，将身体节段法中的胸腹部和骨盆两个节段重新分解成上半身节段，如图 4.6 所示。节段质心系数采用质量配比的加权求得。

$$l_p = \frac{0.355}{0.355+0.142} \times 0.500 + \frac{0.142}{0.355+0.142} \times 0.105 = 0.387 \tag{4.5}$$

$$l_d = \frac{0.355}{0.355+0.142} \times 0.500 + \frac{0.142}{0.355+0.142} \times 0.895 = 0.613 \tag{4.6}$$

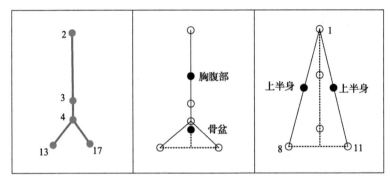

图 4.6　子节段的转换示意图

另外，身体节段法中未对肩膀赋予质量，在本章研究中，结合实际设置肩膀节段并分配质量。将胸腹部和骨盆两个节段的质量之和拆分成上半身节段和肩膀节段。最终处理过后，人体被重新分为 13 个独立的子节段，质心计算所需的人体姿态躯体节段权重修改见表 4.4。

表 4.4　基于质量分布的人体姿态躯体节段权重表

序号	节段名称	节段标记	节段质量权重 r	节段质心系数	
				始端 l_p	末端 l_d
1	头颈部	0—1	0.080	1.000	0.000
2	肩膀	1—2/1—5	0.015	0.500	0.500
3	上半身	1—8/1—11	0.234	0.387	0.613
4	上臂	2—3/5—6	0.028	0.436	0.564
5	前臂	3—4/6—7	0.022	0.430	0.570
6	大腿	8—9/11—12	0.100	0.433	0.567
7	小腿	9—10/12—13	0.061	0.433	0.567

重新划分后的每个子节段同样包含近端坐标和远端坐标，定义一个子节段质心位置的计算公式如式(4.5)所示。

$$x_k = x_p l_p + x_d l_d$$
$$y_k = y_p l_p + y_d l_d$$

$$(4.7)$$

式中，(x_k, y_k) 是节段质心坐标；(x_p, y_p) 是节段近端的坐标；(x_d, y_d) 是节段远端的坐标；l_p 是始端节段质心系数；l_d 是末端节段质心系数。

获得人体动力学质心位置，其计算公式为

$$x_c = \frac{\sum_{k=1}^{13} m_k x_k}{M}$$

$$y_c = \frac{\sum_{k=1}^{13} m_k y_k}{M}$$

$$(4.8)$$

式中，(x_c, y_c) 是人体总质心的坐标；(x_k, y_k) 是第 k 段的质心坐标；m_k 是第 k 段的质量；M 是人体总质量。

4.3.3　子节段加权法的质心力

在行人研究中，将各个节段(图4.7)的质心位置 $P_k(x_k, y_k)$ 单独讨论。首先，质量为 m_k 的质点在某一时刻的运动速度为 $\vec{v_k}$，则有动量：

$$\vec{p_k} = m_k \vec{v_k}$$

$$(4.9)$$

式中，$\vec{v_k}$ 是质点在前一时刻坐标 $P_{k,t-1}(x_{k,t-1}, y_{k,t-1})$，相对于该时刻的坐标 $P_{k,t}(x_{k,t}, y_{k,t})$ 的位移向量(由 $P_{k,t-1}$ 指向 $P_{k,t}$ 的向量)，如图4.8所示。

其次，根据牛顿第二运动定律：

$$\vec{F_k} = \frac{\mathrm{d}\vec{p_k}}{\mathrm{d}t} = m_k \frac{\mathrm{d}\vec{v_k}}{\mathrm{d}t}$$

$$(4.10)$$

对 13 个子节段质心位置的力进行加权求和，权重表示为 w_k，由两方面因素决定。

1)关节间的约束

上文中对每一子节段进行简化处理，将其看作一个独立质点。在此考虑关节间的约束，每一子节段分别有近端和远端，每一端点都可能连接另一节段，成为另一节段的近端和远端，如图4.9所示。

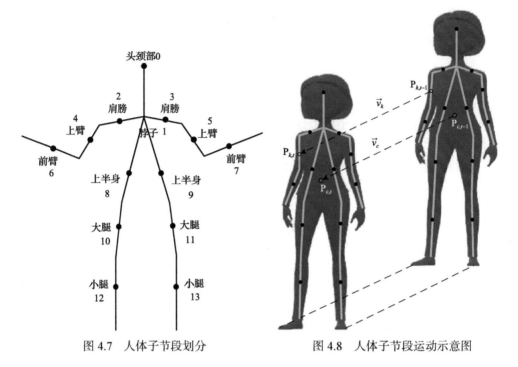

图 4.7　人体子节段划分　　　　　　图 4.8　人体子节段运动示意图

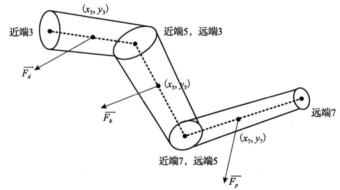

图 4.9　子节段间的约束示意图

例如图 4.9 中的上臂节段 5 和前臂节段 7，对于前臂节段 7，远端没有关节连接，无约束，仅考虑近端。

$$\begin{cases} \left| \theta < \overrightarrow{F_d} + \overrightarrow{F_p}, \overrightarrow{F_k} \right| \leqslant 90° \\ k, d, p = 1, 2, \cdots, 13 \end{cases} \quad (4.11)$$

式中，$\overrightarrow{F_k}$ 是当前子节段质心所受的力；$\overrightarrow{F_p}$ 是连接的近端子节段质心所受的力；$\overrightarrow{F_d}$

是连接的远端子节段质心所受的力。

2) 对运动质心的几何贡献度

对于确定的行人质心,若子节段质点离得越远,即越靠近末梢,其对整体行人运动的影响越大,例如人在行走时下肢的摆动幅度越大。因此,考虑节段在几何距离上的贡献度,计算子节段质心到运动质心的距离 d_k,并采用归一化处理,把原始数据集映射到 0—1 范围之内。

$$d_k = \sqrt{\left(x_k - x_c\right)^2 + \left(y_k - y_c\right)^2} \tag{4.12}$$

最终,可求得动力学质心 (x_c, y_c) 的力 $\overrightarrow{F_c}$

$$\overrightarrow{F_c} = \sum_{k=1}^{13} w_k \overrightarrow{F_k} = \sum_{k=1}^{13} w_k m_k \frac{\mathrm{d}\overrightarrow{v_k}}{\mathrm{d}t} \tag{4.13}$$

4.4 正常行走的步态解析

4.4.1 单人行走步态

1) 质心轨迹

选择 20 帧的行人正常步行过程,提取频率为 f=10 fps(frames per second,每秒帧数),由右侧开始作为截取的第 1 帧 P_{start}。上方曲线是用子节段质心法表示的行人轨迹,下方曲线是用矩形框质心法表示的行人轨迹,前者可看作运动质心,后者则为静态质心。图 4.10 展示了正常步行时两种二维质心方法的轨迹对比。

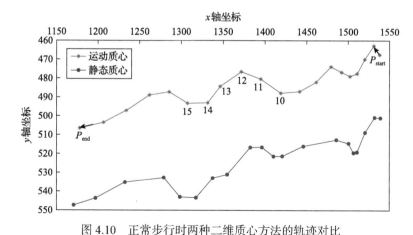

图 4.10 正常步行时两种二维质心方法的轨迹对比

　　首先，行人正常行走是一个周期性的行为。步行周期指人行走时，一侧足跟着地至该侧足跟再次着地时所经过的时间。根据参考文献[115]，正常人平均自然步频约为 95—125 步/min 左右，即周期约为 0.48—0.63 s。由此可知，第 10 帧到第 15 帧为一个周期，周期为 0.6 s(6 帧)。

　　其次，对两种表示法进行详细对比分析，拆分出行人的 x 轴和 y 轴数据，如图 4.11 所示。

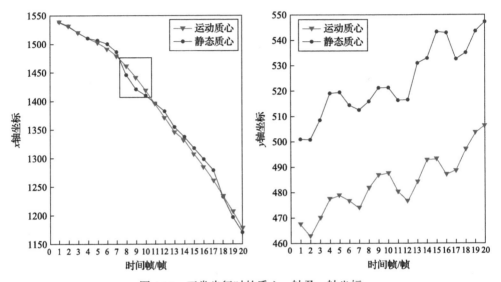

图 4.11　正常步行时的质心 x 轴及 y 轴坐标

　　x 轴方向误差不大，主要原因是行人本身横向宽度相对于身高来说就较窄。运动质心的曲线更为平缓，数据抖动较小，且 70%以上的点坐标值都更小，即靠近前进方向，更能体现运动的趋势。如图 4.12 所示，对于剩下的坐标点，例如第 8 帧到第 10 帧，由实景视频可知这 3 帧行人处于大跨步阶段，矩形框标识会出现一个很明显的前移。

　　y 轴方向的坐标值差异较大，矩形框质心法的数值比子节段质心法平均高出 40 个单位。由于 y 轴的方向是反的，表示运动质心比静态质心要高，即大于 50%。根据参考文献[116]，人是有质量的，自然站立时，男子重心高度大约是身高的 56%，女子重心高度大约是身高的 55%。子节段的运动质心在计算时就考虑到了关节的质量，从而使得 y 轴坐标更加符合实际人体身材构造。

　　2)速度和力

　　在子节段质心法下，首先讨论行人速度。拟合上述行人的轨迹曲线，并展示每一点处的速度方向。如图 4.13 所示，可以观察到存在两个完整的步行周期，即第 5—10 帧、第 11—15 帧。第一个周期时，第 7 帧质心位置到达了最高处，速度还具有向上的趋势，但下一帧就发生了方向上的突转，此时就需要考虑力的作用。

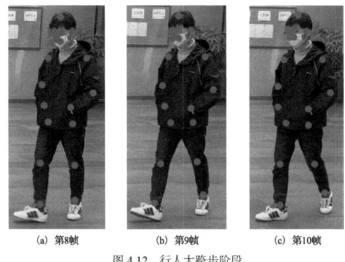

(a) 第8帧 (b) 第9帧 (c) 第10帧

图 4.12 行人大跨步阶段

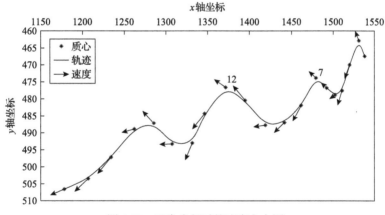

图 4.13 正常步行时的速度方向图

其次，计算质心力的数值 F 和质心力的变化率 φ，如图 4.14 所示，条形图表示力的大小，折线图表示力的变化率。从图 4.14 中可以发现，第 7 帧和第 12 帧有很明显的力数值突增，质心力的变化率均超过 200%。另外观察可得，该镜头场景下质心力的数值均小于 10×10^4，质心力的变化率低于 300%。需要说明的是，质心力是在运动质心的前提下提出的，它的研究价值在于通过比较正常行为和异常行为下的值的差异，来实现异常行为的判定识别，不再对其本身的度量单位展开描述。

$$\varphi_t = \frac{F_t - F_{t-1}}{F_{t-1}} \times 100\% \tag{4.14}$$

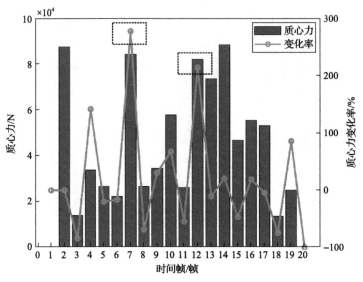

图 4.14　正常步行时的质心力与其变化率

3) 质心力与变化率阈值

同一镜头下，重复选取 50 组行人正常步行过程，每组 20 帧，提取频率不变，记录每组质心力的最大值和质心力变化率的最大值。如图 4.15 和图 4.16 所示，得到质心力阈值 $T_1=9.97\times10^4\,\mathrm{N}$ 和质心力变化率阈值 $T_2=303\%$。

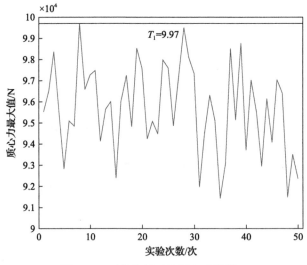

图 4.15　正常步行时的质心力阈值 T_1

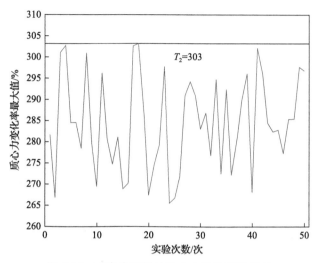

图 4.16　正常步行时的质心力变化率阈值 T_2

4.4.2　多人行走步态

在摄像头拍摄的图像中，由于透视效应[117]，远处行人看起来比近处物体小。那么，对于尺寸相同的像素数组，远处区域的实际面积大于近处区域的实际面积。同理，对于确定的行人来说，从镜头远处走向近处，图像中的个体大小会放大，识别出的关键点位置会更加分散。但是对于确定时刻，动力学质心坐标的计算不会产生误差，受到影响的是与坐标位置变化相关的速度等特征的计算。因此，对图像像素数组采用比例放大法，获得与之相对应的实际面积，可以校正一些参数特征值。

当行人个数大于或等于 2 人时(图 4.17)，也可以按照识别人体关键点，构建人体姿态子节段，获取动力学质心的方法流程进行步态解析。然而，在多人场景中，常常会出现行人遮挡的情况(图 4.18)，这会增加行人识别的难度，不利于群体姿态的研究。

根据行人的遮挡程度，将行人遮挡分为四个等级[118]，分别为 0 无遮挡，1%—35%(不含)部分遮挡、35%—80%(不含)严重遮挡，≥80%完全遮挡。研究表明，一般在遮挡等级为 0—10%时，识别效果较好，遮挡等级越高，漏检率也会越高。当遮挡程度超过 50%时，几乎无法识别到行人。

因此，本书基于图像处理技术获取的人体关键点，提出遮挡下的行人识别算法。在本章研究中，人体姿态基于 21 个关键点信息，将这 21 个关键点分为三个宏观子区域{头部 A=(14,15,16,17,18,19,20,21)；上身 B=(1,2,3,4,5,6,7)；下身 C=(8,9,10,11,12,13)}，如图 4.19 所示，若是存在遮挡，则行人的关键节点数目过少，可能难以构成骨架连线形式，而无法用子节段来求得动力学质心，此时重新设置行人确定的判定条件，条件如下。

图 4.17 多人行走场景：多人无遮挡

图 4.18 多人行走场景：多人有遮挡

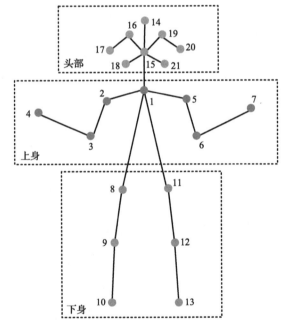
图 4.19 关键点的三个宏观子区域示意图

（1）条件 1：关键点数量。A、B、C 子区域均需要出现至少 50% 的关键点数，即 A 子区域至少 4 个，B 子区域至少 4 个，C 子区域至少 3 个。

（2）条件 2：节段数量。A 子区域在进行子节段质心法中做归一处理，节段数量不作要求。B、C 子区域都要存在至少 3 个相邻关节点，形成至少两段骨架线条。

（3）条件 3：左右不一致。B 子区域 (2,3,4) 不与 C 子区域 (11,12,13) 同时遮挡；B 子区域 (5,6,7) 不与 C 子区域 (8,9,10) 同时遮挡。

当满足以上三个条件时，可以将被遮挡的行人看作完整个体。头部 A 子区域的剩余所有可识别关键点依旧采用取平均值归一处理。上身 B 子区域和下身 C 子区域缺少的关键点坐标用对称法求解，满足平衡性要求，对称法以左右为分组标准，即 {(2,5), (3,6), (4,7), (8,11), (9,12), (10,13)}。若是一个组的两个关键点都未识别到，例如行人两个手关键点 4 和 7 被左右两个行人遮挡住了，不存在 3—4 和 6—7 节段，对子节段质心求解的误差可忽略不计。最终，也能求得被遮挡行人的动力学质心，实现其正常行走的步态解析。

4.5　异常行为识别模型

4.5.1　跌倒行为识别模型

已知人在跌倒时，最明显的变化便是质心高度的快速下降。参考传统的矩形框表示法，采用高宽比来判定跌倒，在子节段质心法中，采用质心高度占身高的比例（即质心高度比）R 来体现，如式 (4.15) 所示。

$$R = \frac{H_c}{\text{Height}} \times 100\% \tag{4.15}$$

另外，运动质心轨迹的偏角 θ，即速度的角度值，如图 4.20 所示，也能展现行人跌倒的全过程。定义角度值为四个区域，正值表示下降（fall），负值表示上升（up）。由于行人行走是一种周期性波动的行为，因此角度值会在正负之间交替变化。

$$\theta_t \in \begin{cases} [0°,90°), & \Delta x_t < 0 且 \Delta y_t > 0, & \text{fall} \\ [90°,180°), & \Delta x_t > 0 且 \Delta y_t > 0, & \text{fall} \\ [-180°,-90°), & \Delta x_t > 0 且 \Delta y_t < 0, & \text{up} \\ [-90°,0°), & \Delta x_t < 0 且 \Delta y_t < 0, & \text{up} \end{cases} \tag{4.16}$$

因此，对于基于人体姿态子节段求得的运动质心，建立行人跌倒的行为识别模型，即满足：

$$\begin{cases} F_t > T_1 \\ \theta_{t+b} \in (0°,180°), & b = 1,\cdots,T_{\text{cyc}} \\ R_{t+a} < 50\%, & a < T_{\text{cyc}} \end{cases} \tag{4.17}$$

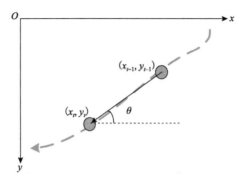

图 4.20　质心轨迹偏角示意图

（1）第 t 帧的质心力大于阈值 T_1。

（2）从第 $t+1$ 帧开始，质心轨迹的夹角值 θ 一直处于下降区间，并持续一个步行周期。

（3）从第 t 帧开始，在一个步行周期内，质心高度比 R 小于 50%。

对于静态质心模型，行人跌倒的判据为质心速度在下降方向的反转，可能会造成行为识别的滞后，不利于异常事件的及时预判和防控。

4.5.2　掉头行为识别模型

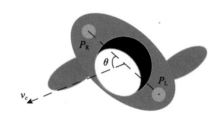

图 4.21　两肩与速度方向夹角(行人俯视图)

已知人在掉头时，最明显的关键节点变化便是两肩的旋转运动。记录右肩为 P_R，左肩为 P_L，两肩与速度方向的夹角 θ，如图 4.21 所示，角度的正负由左肩和右肩两个子节段质心相对位置的前后决定。在正常走路时，该角度值较小，当产生掉头行为时，该值会有很大的突增。

因此，对于基于人体姿态子节段求得的运动质心，建立行人掉头的行为识别模型，即满足：

$$\begin{cases} \varphi_t > T_2 \\ \Delta\theta_{t+a} > 180° \\ a < T_{\text{cyc}}, \quad \Delta\theta_{t+a} = \left| \theta_{t+a} - \theta_{t+a-1} \right| \end{cases} \tag{4.18}$$

（1）第 t 帧的质心力变化率大于阈值 T_2。

（2）第 $t+a$ 帧时刻，两肩与速度方向夹角的变化绝对值大于 180°，a 小于一个步行周期。

对于静态质心模型，行人掉头的判据为质心速度在前进方向的反转，同样可能会造成行为识别的滞后，而不利于异常事件的及时预判和防控。

4.6　本 章 小 结

　　本章建立了全新的质心求解模型，根据人体姿态子节段来实现。首先，介绍了传统的基于灰度值的二维质心和基于关键点的三维质心求解方案，分析各自不足。其次，介绍了基于图像的关键点标记，借鉴三维身体节段法的思路，重新划分人体姿态子节段，考虑各子节段的质量分布，建立动力学质心模型，采用子节段加权法提出质心力的概念，设定安全阈值。再次，本章对正常行走进行步态解析，发现动力学质心 x 分量不受行人大跨步影响，y 分量数值为人体身高的 55% 左右，真实反映行人生理特征和轨迹信息，并且可以推断出行人的步态信息，如步行周期、步频、步速。针对多人行走步态提出了遮挡下的行人识别算法，以提高姿态特征判定的准确性。最后，选取动力学相关特征，提出了跌倒和掉头两类异常行为的识别模型。

第5章　恐慌行为识别模型

5.1　恐慌行为运动学特征

公共场所恐慌行为的发生常伴有左右徘徊等恐慌行为，分析行人运动轨迹对于判断行人恐慌行为具有重要参考意义。参考公共场所常见的徘徊行为，绘制不同场景中可能出现的徘徊动态轨迹图如图 5.1 所示，其中图 5.1(a)表示椭圆形运动轨迹，图 5.1(b)表示螺旋形运动轨迹，图 5.1(c)表示蛇形运动轨迹，图 5.1(d)表示布朗运动轨迹。

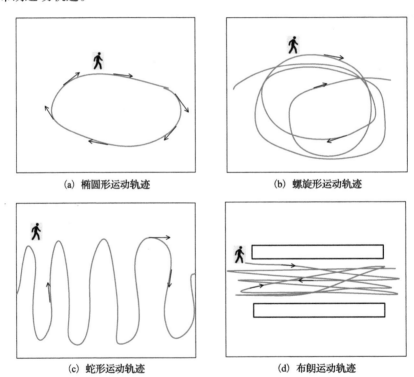

(a) 椭圆形运动轨迹　　　　　　　　(b) 螺旋形运动轨迹

(c) 蛇形运动轨迹　　　　　　　　(d) 布朗运动轨迹

图 5.1　不同场景中可能存在的徘徊轨迹

公共场所行人徘徊过程常受场景因素影响，场景中多有大量障碍物或者行人活动范围较小等特点，因此行人徘徊范围较小，轨迹会有往复。在对行人的徘徊运动轨迹进行分析时，发现目标运动出现往复时会形成一个拐点，如图 5.2 中黑色实心点所示。

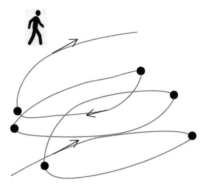

图 5.2　徘徊过程拐点图

徘徊过程中连续帧的轨迹点的方向角变化范围超过 90°，则判定该点为拐点，如式(5.1)所示。

$$\cos\theta = \frac{\overrightarrow{P_{t-1}P_t} \cdot \overrightarrow{P_tP_{t+1}}}{\left|\overrightarrow{P_{t-1}P_t}\right| \cdot \left|\overrightarrow{P_tP_{t+1}}\right|} \tag{5.1}$$

通过统计行人运动轨迹中出现拐点的次数，若超过阈值 N_{count}，即可判定该运动轨迹为徘徊行为。四种徘徊轨迹的判断如情形 1 至情形 4 所示。

情形 1(椭圆形运动轨迹)：

$$Oval.p. = \begin{cases} \cos\theta < 0 \\ 4 \geqslant N_{count} \geqslant 2 \end{cases} \tag{5.2}$$

情形 2(螺旋形运动轨迹)：

$$Spiral.p. = \begin{cases} \cos\theta < 0 \\ 8 \geqslant N_{count} \geqslant 2 \end{cases} \tag{5.3}$$

情形 3(蛇形运动轨迹)：

$$Snake.p. = \begin{cases} \cos\theta < 0 \\ N_{count} \geqslant 2 \end{cases} \tag{5.4}$$

情形 4(布朗运动轨迹)：

$$Brown.p. = \begin{cases} \cos\theta < 0 \\ N_{count} \geqslant 2 \end{cases} \tag{5.5}$$

根据四种徘徊轨迹的研究分析，当 $\cos\theta < 0$ ，并且 $N_{count} \geq 2$ 时，存在徘徊行为。为了便于运动轨迹识别模型直观化，本章使用字符 η 表示行人运动轨迹识别结果，如式(5.6)所示。

$$\eta \in (0,1) \tag{5.6}$$

当行人运动轨迹被判断为徘徊轨迹时， $\eta = 1$ ；否则， $\eta = 0$ 。

5.2　恐慌行为动力学特征

在现有的图像获取人体关键点的相关技术中，较为成熟常用的是 15 个、18 个、21 个或 25 个关键点，同时为了提高识别的准确性，通常会多加一些面部关键节点以确保不丢失行人个体。本章采用 21 个关键节点：头顶、左耳、右耳、左眼、右眼、鼻子、左嘴角、右嘴角、脖子、左肩、右肩、左手肘、右手肘、左手腕、右手腕、左髋部、右髋部、左膝、右膝、左脚踝、右脚踝，如图 5.3 所示。

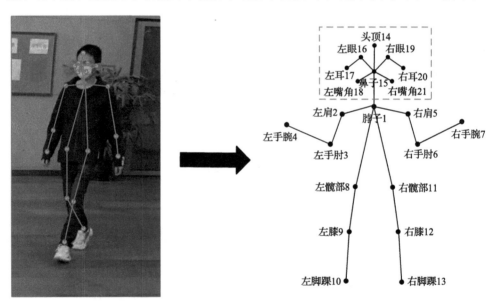

图 5.3　基于图像的关键点标记

为了能够更加真实地反映行人运动状态，本节利用计算机视觉技术识别出的人体骨骼从视频图像中提取行人关键点坐标，选用动力学质心模型和质心求解公式建立全新的人体动力学质心模型，如式(5.7)、式(5.8)和式(5.9)所示。

本章采用的动力学质心模型将人体姿态躯体分为 13 个子阶段，将面部 8 个关键节点(序号为 14—21)根据式(5.7)处理成 1 个头部节点，标记为 0。

$$\begin{cases} x_{\text{head}} = \dfrac{\displaystyle\sum_{i=14}^{21} x_i}{8} \\[4mm] y_{\text{head}} = \dfrac{\displaystyle\sum_{i=14}^{21} y_i}{8} \end{cases} \tag{5.7}$$

式中，(x_i, y_i) 是图 5.3 中 14 头顶、15 鼻子、16 左眼、17 左耳、18 左嘴角、19 右眼、20 右耳和 21 右嘴角的节点坐标。

$$\begin{cases} x_k = x_p l_p + x_d l_d \\ y_k = y_p l_p + y_d l_d \end{cases} \tag{5.8}$$

式中，(x_k, y_k) 是节段质心坐标；(x_p, y_p) 是节段近端的坐标；(x_d, y_d) 是节段远端的坐标；l_p 是始端节段质心系数；l_d 是末端节段质心系数。始端节段质心系数和末端节段质心系数参数详情如表 5.1 所示。

表 5.1　基于质量分布的人体姿态躯体节段权重表

序号	节段名称	节段标记	节段质量权重(节段质量/人体质量)r	节段质心系数(节段质心/节段长度)	
				始端 l_p	末端 l_d
1	头颈部	0—1	0.080	1.000	0.000
2	肩膀	1—2/1—5	0.015	0.500	0.500
3	上半身	1—8/1—11	0.234	0.387	0.613
4	上臂	2—3/5—6	0.028	0.436	0.564
5	前臂	3—4/6—7	0.022	0.430	0.570
6	大腿	8—9/11—12	0.100	0.433	0.567
7	小腿	9—10/12—13	0.061	0.433	0.567

得到人体动力学质心位置，其计算公式为

$$\begin{cases} x_c = \dfrac{\displaystyle\sum_{k=1}^{13} m_k x_k}{M} \\[4mm] y_c = \dfrac{\displaystyle\sum_{k=1}^{13} m_k y_k}{M} \end{cases} \tag{5.9}$$

式中，(x_c, y_c) 是人体总质心的坐标；(x_k, y_k) 是第 k 段的质心坐标；m_k 是第 k 段

的质量；M 是人体总质量。

分析行人运动过程中力的大小和方向对行人恐慌行为研究具有重要意义，本节使用子节段加权法的质心力描述恐慌行为的动力学特征，根据牛顿第二运动定律：

$$\overrightarrow{F_k} = \frac{\mathrm{d}\overrightarrow{p_k}}{\mathrm{d}t} = m_k\frac{\mathrm{d}\overrightarrow{v_k}}{\mathrm{d}t} \tag{5.10}$$

对人体 13 个子节段质心的力加权求和，即动力学质心 (x_c, y_c) 的力 $\overrightarrow{F_c}$，计算公式为

$$\overrightarrow{F_c} = \sum_{k=1}^{13} w_k\overrightarrow{F_k} = \sum_{k=1}^{13} w_k m_k\frac{\mathrm{d}\overrightarrow{v_k}}{\mathrm{d}t} \tag{5.11}$$

式中，w_k 是权重；$\overrightarrow{F_k}$ 是子节段质心力。

分析子节段在整体中受到的力，如图 5.4 所示。

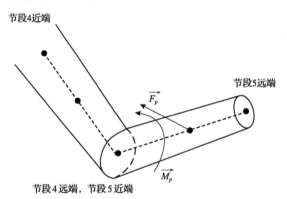

图 5.4　右臂子节段在整体中的受力分析图示

将肌肉收缩的力看作外力，用 $\overrightarrow{F_p}$ 表示，$\overrightarrow{M_p}$ 表示右下臂转动时产生的合外力矩。将右下臂单独进行受力分析，得到受力图，如图 5.5 所示。其中，$\overrightarrow{F_{x_r}}$、$\overrightarrow{F_{y_r}}$

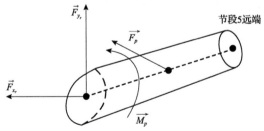

图 5.5　右臂子节段单独受力分析图示

分别是右上臂对右下臂的约束力的正交分解。

法国物理学家与数学家达朗贝尔提出了达朗贝尔原理。达朗贝尔认为对于任意物理系统，所有惯性力或施加的外力，经过符合约束条件的虚位移，所做的虚功的总和等于零，将动力学问题转化成静力学问题。或者说，作用于一个物体的外力与动力的反作用之和等于零。根据达朗贝尔原理和力矩守恒原理联立方程组：

$$
\begin{cases}
\sum \vec{M}_{i-\mathrm{D.C}} = 0 \\
\sum \vec{F}_{i-\mathrm{D.C}} = 0
\end{cases}
\tag{5.12}
$$

静态权重值 w_{ks} 只与 m_i 有关系，其计算公式为

$$
w_{\mathrm{ks}} = \frac{m_i}{\displaystyle\sum_{i=1}^{13} m_i}
\tag{5.13}
$$

动态质心权重 w_{kc} 和 m_i、J_i 均有关，其计算公式为

$$
\begin{cases}
w_{\mathrm{kc}} = 0.5 \times \dfrac{m_i}{\displaystyle\sum_{i=1}^{13} m_i} + 0.5 \times \dfrac{J_{i-\mathrm{D.C}}}{\displaystyle\sum_{i=1}^{13} J_{i-\mathrm{D.C}}} \\[2ex]
J_{i-\mathrm{D.C}} = m_i \displaystyle\int r_{\mathrm{D.C}} \mathrm{d}r_{\mathrm{D.C}}
\end{cases}
\tag{5.14}
$$

式中，$J_{i-\mathrm{D.C}}$ 是每段子节段对动态质心的转动惯量；$r_{\mathrm{D.C}}$ 是每段子节段到动态质心的垂直距离。根据式(5.14)得到 w_k 权重表如表 5.2 所示。

表 5.2　w_k 权重表

序号	节段名称	节段标记	静态权重值 w_{ks}	动态质心权重 w_{kc}
1	头颈部	0—1	0.080	0.0400
2	肩膀	1—2/1—5	0.015	0.0225
3	上半身	1—8/1—11	0.234	0.1370
4	上臂	2—3/5—6	0.028	0.0365
5	前臂	3—4/6—7	0.022	0.0785
6	大腿	8—9/11—12	0.100	0.0900
7	小腿	9—10/12—13	0.061	0.1155

在加速奔跑行为识别中，本节基于计算机图像对多种奔跑姿态的单帧图像进行识别，得到多种奔跑姿态的静力学质心和动力学质心识别图，如图 5.6 所示。奔跑

姿态与一般行走姿态、插兜行走姿态的静力学质心和动力学质心的连续帧对比图，如图 5.7 所示。

图 5.6　多种奔跑姿态的静力学质心和动力学质心识别图

深色 $P_{D.C}$ 代表动力学质心，浅色 $P_{S.C}$ 代表静力学质心

　　根据行人目标识别的矩形框建立坐标系，设置奔跑方向为正方向，如图 5.8 所示。结合奔跑姿态与行走姿态的几何特征，得到奔跑姿态与一般行走姿态、插兜行走姿态的几何判别公式、动力学判别公式如式（5.15）、式（5.16）所示。

$$\begin{cases} \text{Min}(\beta_1, \beta_2) < 120° \\ \beta_1 \leqslant 180°, \quad \beta_2 \leqslant 180° \end{cases} \tag{5.15}$$

$$\begin{cases} \text{dir}(D.C) = \text{dir}(\vec{a}) \\ \text{dir}(D.C) = \text{dir}(\vec{v}) \\ x(D.C) > x(S.C) \end{cases} \tag{5.16}$$

式中，β_1 是子节段 8—9 与子节段 9—10 之间的夹角；β_2 是子节段 11—12 与子节段 12—13 之间的夹角；$x(D.C)$ 是行人的动力学质心横坐标值；$x(S.C)$ 是行人的静力学质心横坐标值；$\text{dir}(D.C)$ 是行人的动力学质心方向。

　　为了便于行人加速奔跑行为识别模型简单化，本节使用字符 δ 表示行人运动

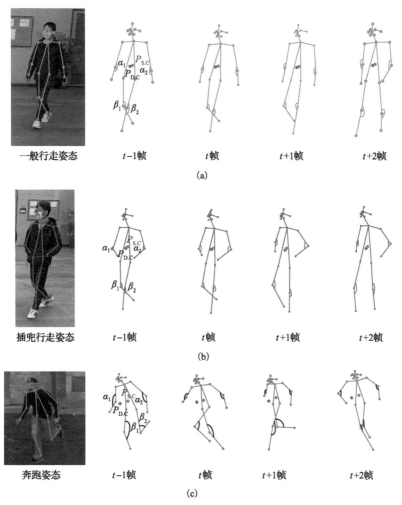

图 5.7　奔跑姿态与行走姿态连续帧静力学质心与动力学质心对比图
深色 $P_{D.C}$ 代表动力学质心，浅色 $P_{S.C}$ 代表静力学质心

行为姿态识别结果，如式(5.17)所示。

$$\delta \in (0,1) \tag{5.17}$$

当行人运动行为姿态被判断为加速奔跑行为时，$\delta = 1$；否则，$\delta = 0$。

短时间内质心高度的大幅下降是行人摔倒行为最明显的变化。参考传统的高宽比判别方法定义跌倒的判别公式，采用子节段质心法，定义质心高度占身高的比例 R 来体现，如式(5.18)所示。

$$R = \frac{H_c}{H_{all}} \times 100\% \tag{5.18}$$

行人摔倒过程中动力学质心轨迹存在偏角 θ，即速度的角度值，该值存在周期性变化，能够展现行人跌倒变化。质心轨迹偏角示意图如图 5.9 所示。

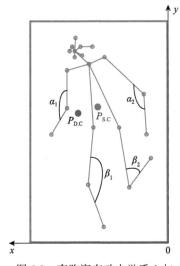

图 5.8　奔跑姿态动力学质心与
静力学质心坐标图

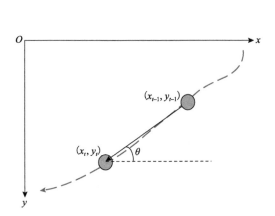

图 5.9　质心轨迹偏角示意图

本节定义角度值为四个区域，正值表示行人动力学质心下降，负值表示行人动力学质心上升。根据分析行人行走的周期性波动的行为，角度值在正负之间交替变化。

因此，对于基于人体姿态子节段求得的运动质心，建立行人跌倒的行为识别模型，即满足：

$$\theta_t \in \begin{cases} [0°,90°), & \Delta x_t < 0\text{且}\Delta y_t > 0, & \text{fall} \\ [90°,180°), & \Delta x_t > 0\text{且}\Delta y_t > 0, & \text{fall} \\ [-180°,-90°), & \Delta x_t > 0\text{且}\Delta y_t < 0, & \text{up} \\ [-90°,0°), & \Delta x_t < 0\text{且}\Delta y_t < 0, & \text{up} \end{cases} \tag{5.19}$$

$$\begin{cases} F_t > T_1 \\ \theta_{t+b} \in (0°,180°), & b = 1,\cdots,T_{\text{cyc}} \\ R_{t+a} < 50\%, & a < T_{\text{cyc}} \end{cases} \tag{5.20}$$

（1）第 t 帧的质心力大于阈值 T_1。

（2）从第 $t+1$ 帧开始，质心轨迹的夹角值 θ 一直处于下降区间，并持续一个步行周期。

（3）从第 t 帧开始，在一个步行周期内，质心高度比 R 小于 50%。

对于静态质心模型，行人跌倒的判据为质心速度在下降方向的反转，可能会造成行为识别的滞后，不利于异常事件的及时预判和防控。

为了便于行人摔倒行为识别模型简单化，本节使用字符 ε 表示行人运动行为姿态识别结果，如式（5.21）所示。

$$\varepsilon \in (0,1) \tag{5.21}$$

当行人运动行为姿态被判断为摔倒行为时，$\varepsilon = 1$；否则，$\varepsilon = 0$。

5.3　恐慌行为音频特征

5.3.1　正常交流行为的音频特征分析

音频特征是人群恐慌行为分析判断的一个重要参考依据。傅里叶变换是一种常用的分析音频信号的方法，通常状态下，离散傅里叶变换的核心是利用音频信号的正弦特性进行频谱分析。从数学角度，语音信号能够被看作具有不同频率的交变信号的集合。这种无限频率的叠加可以用傅里叶序列体现出来。假设某一周期信号为 $X(T)$，T 代表其语音周期，则它的傅里叶序列可表示为

$$x(t) = \frac{a_0}{T} + \frac{2}{T}\sum_{n=1}^{\infty}(a_n\cos 2\pi f_n t + b_n\sin 2\pi f_n t) \tag{5.22}$$

本节对数据集中正常交流行为的音频提取每一帧信号并且进行傅里叶变换，得到音频信号的波形与频谱。正常交流行为的音频信号的频率主要分布在 6000 Hz 以下，本节采用分段分析正常交流行为的音频特征，计算每段频率范围的平均能量，提取音频信号的频谱特性有效信息。此处的能量表示每一段频率范围中经过傅里叶变换后的声音信号的平均长度，其源于采集数据，是一个无量纲的值。分段计算公式为

$$\begin{cases} f_{\text{internal}} = \dfrac{f_{\max} - f_{\min}}{n_{\text{real}}} \\ f_{\min} \geqslant f_{\sigma} \end{cases} \tag{5.23}$$

式中，f_{internal} 是每段频率的长度；$f_{\min}$ 是采集音频最小频率；$f_{\max}$ 是采集音频最大频率；n_{real} 是划分频段数；f_{σ} 是采集频率下限。根据采集信息统计结果和数据分析的合理性，取 $f_{\max} = 6000\ \text{Hz}$，$f_{\min} = 0\ \text{Hz}$，$n_{\text{real}} = 8$。

在八个主要频段对能量值进行求和，并通过归一化处理：

$$
\begin{cases}
e_i' = \dfrac{e_i}{\displaystyle\sum_{i=1}^{n_{\text{real}}} e_i} \\
n_{\text{real}} = 8 \\
e_i' \geqslant e_\sigma
\end{cases}
\tag{5.24}
$$

式中，e_i' 是各频率段的平均能量占比；e_i 是各频率段的平均能量；e_σ 是平均能量占比下限，此处 $e_\sigma = 0$。

本节正常说话的数据集采用基于数据堂开源中文普通话语料数据集 Aidatatang_200zh。本节随机采用 50 组数据，包括 30 名男性和 20 名女性，得到男性正常交流行为和女性正常交流行为的各频段平均能量占比情况统计结果。男性和女性正常交流行为频谱分析图分别如图 5.10 和图 5.11 所示。

本节基于统计结果，以第一段频率分布为例，绘制直方图，并拟合正态密度函数，如图 5.12 所示。

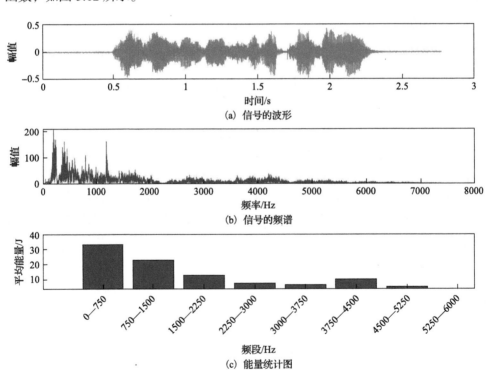

(a) 信号的波形

(b) 信号的频谱

(c) 能量统计图

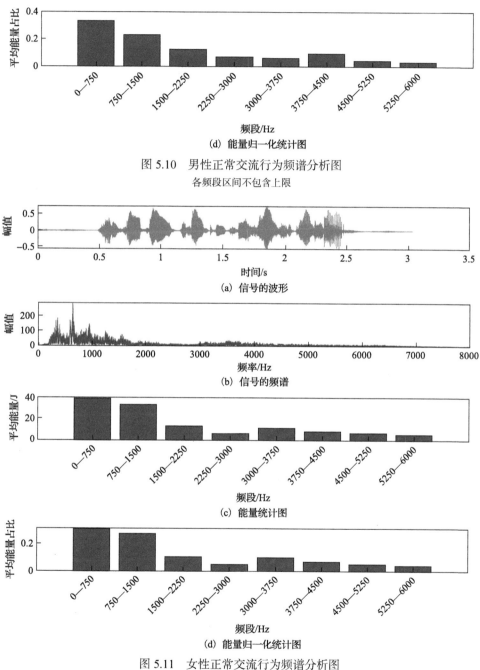

(d) 能量归一化统计图

图 5.10　男性正常交流行为频谱分析图

各频段区间不包含上限

(a) 信号的波形

(b) 信号的频谱

(c) 能量统计图

(d) 能量归一化统计图

图 5.11　女性正常交流行为频谱分析图

数据集时长：200 小时；参与人数：600 人；采样频率：16 kHz 16 bit

各频段区间不包含上限

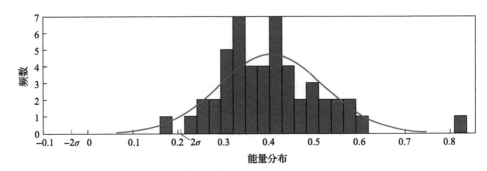

图 5.12　能量正态分布拟合图

置信区间是指由样本统计量所构造的总体参数的估计区间。在统计学中，一个概率样本的置信区间（confidence interval）是对这个样本的某个总体参数的区间估计。置信区间展现的是这个参数的真实值有一定概率落在测量结果周围的程度，其给出的是被测量参数的测量值的可信程度，即前面所要求的"一个概率"。一倍标准差（1σ）的概率值是 68.3%，二倍标准差（2σ）的概率值为 95.5%，三倍标准差（3σ）的概率值是 99.7%。图 5.12 中选择二倍标准差，即概率值为 95.5% 的置信区间。根据正常交流行为的音频能量正态分布拟合图得到的均值与标准差如表 5.3 所示。

表 5.3　正常交流行为音频的均值与标准差

序号	频段名称	频段/Hz	能量均值/J	σ
1	f_{s1}	0—750	0.405 734	0.114 096
2	f_{s2}	750—1 500	0.200 814	0.070 349
3	f_{s3}	1 500—2 250	0.096 148	0.047 655
4	f_{s4}	2 250—3 000	0.068 588	0.030 714
5	f_{s5}	3 000—3 750	0.054 678	0.025 836
6	f_{s6}	3 750—4 500	0.061 152	0.037 849
7	f_{s7}	4 500—5 250	0.060 240	0.046 054
8	f_{s8}	5 250—6 000	0.052 646	0.039 515

注：各频段区间不包含上限

以上述方法绘制正常交流行为的音频频谱的八个频率段的能量归一化与 errorbar（误差棒）统计图，如图 5.13 所示。

图 5.13 中 f_{s6}（3750—4500 Hz）、f_{s7}（4500—5250 Hz）和 f_{s8}（5250—6000 Hz）的 errorbar 下限均低于 0。根据平均能量占比数值不低于 0 的特性，本节将低于 0 的 errorbar 下限更改为 0。

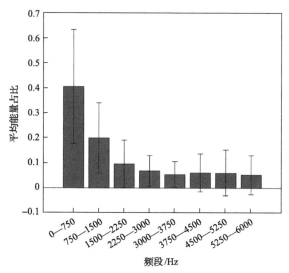

图 5.13　正常交流行为的音频频谱能量归一化与 errorbar 统计图

各频段区间不包含上限

5.3.2　恐慌行为的音频特征分析

本节对恐慌行为的音频特征进行分析。恐慌行为的音频特征主要体现为行人的尖叫特征，为此，本节从尖叫行为开始讨论。恐慌行为的音频数据集选自 Dataset-AOB 数据集：城市声音事件分类。Dataset-AOB 数据集是使用卷积神经网络为城市声音事件分类而收集和手动编辑的用于硕士论文的音频数据集。该数据集包含 10 个音频事件：警报器、儿童玩耍、狗吠、发动机、脚步声、玻璃破碎、枪声、地铁列车、雨声和尖叫声。人群的恐慌行为多伴有尖叫声，因此本节随机选择 Dataset-AOB 数据集中的尖叫声进行分析，得到男性恐慌行为的音频和女性恐慌行为的音频的各频段平均能量占比情况统计结果。女性和男性恐慌行为的音频频谱分析图分别如图 5.14 和图 5.15 所示。

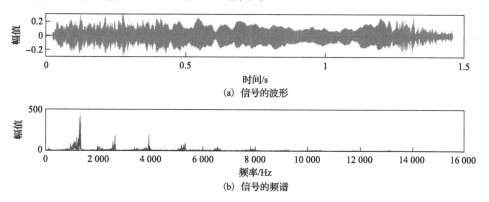

(a)　信号的波形

(b)　信号的频谱

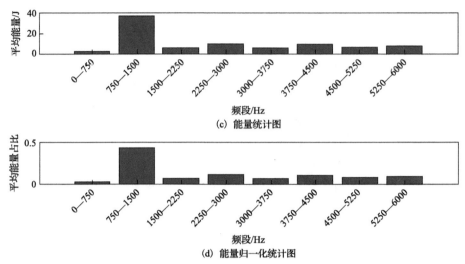

(c) 能量统计图

(d) 能量归一化统计图

图 5.14 女性恐慌行为的音频频谱分析图

各频段区间不包含上限

根据恐慌行为的音频能量正态分布拟合图得到的均值与标准差如表 5.4 所示。根据与正常交流行为的音频频谱能量归一化与 errorbar 统计图分析方法，得到恐慌行为的音频频谱能量归一化与 errorbar 统计图如图 5.16 所示。

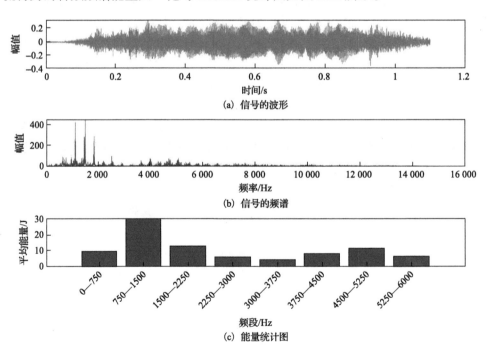

(a) 信号的波形

(b) 信号的频谱

(c) 能量统计图

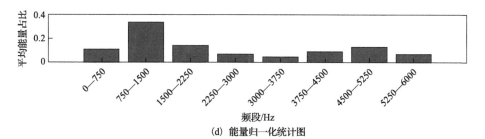

(d) 能量归一化统计图

图 5.15 男性恐慌行为的音频频谱分析图

数据集时长：<4 秒；数据集格式：.wav；数据集采样率：22 kHz—44 kHz

各频段区间不包含上限

表 5.4 恐慌行为音频的均值与标准差

序号	频段名称	频段/Hz	能量均值/J	σ
1	f_{s1}	0—750	0.085 062	0.060 544
2	f_{s2}	750—1 500	0.404 742	0.149 134
3	f_{s3}	1 500—2 250	0.149 954	0.083 362
4	f_{s4}	2 250—3 000	0.114 022	0.089 5983
5	f_{s5}	3 000—3 750	0.063 733	0.035 0749
6	f_{s6}	3 750—4 500	0.070 595	0.038 7502
7	f_{s7}	4 500—5 250	0.055 618	0.041 1158
8	f_{s8}	5 250—6 000	0.050 986	0.030 3498

注：各频段区间不包含上限

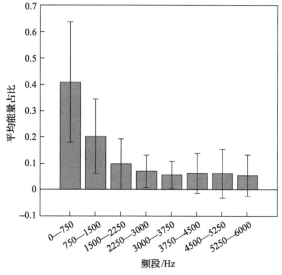

图 5.16 恐慌行为的音频频谱能量归一化与 errorbar 统计图

各频段区间不包含上限

图中 f_{s1}(0—750 Hz)、f_{s3}(1500—2250 Hz)、f_{s4}(2250—3000 Hz)、f_{s5}(3000—3750 Hz)、f_{s6}(3750—4500 Hz)、f_{s7}(4500—5250 Hz)和 f_{s8}(5250—6000 Hz)的 errorbar 下限均低于 0。根据平均能量占比数值不低于 0 的特性，本节将低于 0 的 errorbar 下限更改为 0。

5.3.3　恐慌行为音频特征识别模型

基于 5.3.1 节和 5.3.2 节的研究分析，正常交流行为的音频特征分析和恐慌行为的音频特征分析在 f_{s1}(0—750 Hz)存在明显区别。实际应用中，除了有效识别音频中的恐慌行为音频，有效识别恐慌行为音频中的性别同样具有重要意义。因此，本节随机选取数据集中男性和女性恐慌行为音频，分析 f_{s1}(0—750 Hz)，得到男性恐慌行为的音频和女性恐慌行为的音频能量正态分布拟合图的均值与标准差如表 5.5 所示，男性恐慌行为的音频和女性恐慌行为的音频特征的能量正态分布拟合图如图 5.17 所示。

表 5.5　男性/女性恐慌行为的音频均值与标准差

序号	性别	频段名称	频段/Hz	能量均值/J	σ
1	男	f_{s1}	0—750	0.124 179	0.047 869
2	女	f_{s1}	0—750	0.031 043	0.022 134

注：频段区间不包含上限

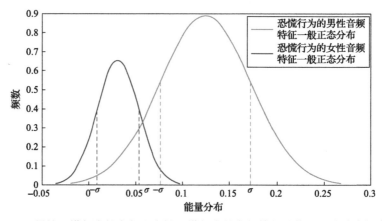

图 5.17　男性恐慌行为的音频和女性恐慌行为的音频特征的能量正态分布拟合图

本节研究结合 5.3.1 节和 5.3.2 节的实验结果对 f_{s1}(0—750 Hz)区间的能量占比划分，分为 0—0.009、0.009—0.053、0.053—0.076、0.076—0.172、0.172—0.178、0.178—0.206、0.206—0.634、0.634—1 八个区间[①]。计算结果落入的能量占比区间

---

① 各区间均不包含上限。

相应值设置为 1，建立恐慌行为音频特征识别矩阵模型，如式(5.25)所示。

$$
P_{\text{frequency}} =
\begin{bmatrix}
1 & 0 & 0 & 0 & 0 & 0 & 0 & 0 \\
0 & 1 & 0 & 0 & 0 & 0 & 0 & 0 \\
0 & 0 & 1 & 0 & 0 & 0 & 0 & 0 \\
0 & 0 & 0 & 1 & 0 & 0 & 0 & 0 \\
0 & 0 & 0 & 0 & 1 & 0 & 0 & 0 \\
0 & 0 & 0 & 0 & 0 & 1 & 0 & 0 \\
0 & 0 & 0 & 0 & 0 & 0 & 1 & 0 \\
0 & 0 & 0 & 0 & 0 & 0 & 0 & 1
\end{bmatrix}
=
\begin{bmatrix}
C_1 \\
C_2 \\
C_3 \\
C_4 \\
C_5 \\
C_6 \\
C_7 \\
C_8
\end{bmatrix}
\tag{5.25}
$$

式中，C_1、C_3 和 C_5 是恐慌行为的音频并且是性别区分的模糊区；C_2 是女性恐慌行为音频；C_4 是男性恐慌行为音频；C_6 和 C_8 是不能区分行为的模糊区；C_7 是正常交流行为的音频。

为了便于恐慌行为音频特征识别模型简单化，我们使用字符 α 表示音频识别结果，如式(5.26)所示。

$$
\alpha \in (0,1) \tag{5.26}
$$

式中，音频被判断为恐慌音频时，即恐慌行为音频特征识别模型的结果为 C_1、C_2、C_3、C_4 或 C_5 时，$\alpha = 1$；否则，$\alpha = 0$。

5.4　恐慌行为语义特征

基于恐慌事件本体的恐慌事件情景模型以恐慌情景为描述对象，以恐慌情景知识元素作为语义单元，以恐慌事件发生时的人群状态作为模型状态，以大量恐慌事件导致的踩踏事件作为模型实例，以恐慌语义知识网络作为情景表现形式，得到具有恐慌语义分析能力和恐慌事件推理能力的恐慌语义模型。恐慌语义模型经过 OWL(Web ontology language，万维网本体语言)形式化后，便可以被计算机解析、访问、操作，实现语义推理，从而完成语义服务。

本节基于恐慌语义模型，推出恐慌语义的推理网络模型，并统计分析关键语段权重。本节调用百度 AI 接口，将音频流实时识别为文字，实现实时语音识别。当计算机识别到"杀人了"、"救命"和"着火"等关键语段，恐慌语义模型就会匹配基于恐慌语义的推理网络中的元素，判断场景中出现灾害事件、恐怖袭击等恐慌场景，进行预警，有效避免恐慌行为的发生。基于恐慌语义的推理网络如图 5.18 所示。基于恐慌语义的推理网络的描述矩阵推导逻辑图如图 5.19 所示。

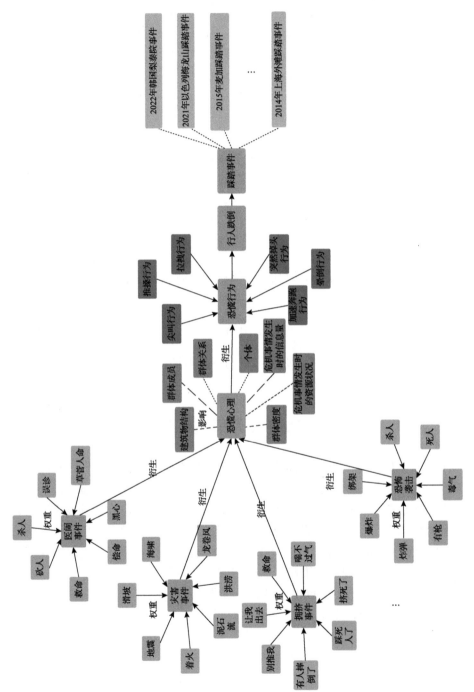

图 5.18　基于恐慌语义的推理网络

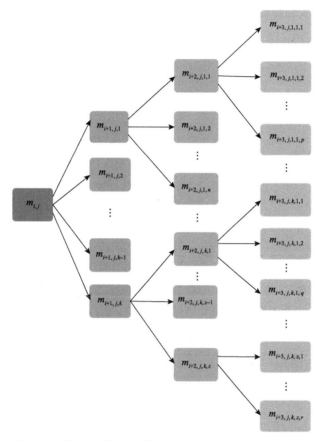

图 5.19　基于恐慌语义的推理网络的描述矩阵推导逻辑图

定义计算机识别的关键语段匹配到恐慌语义模型的第 i 层，则该关键语段的定位坐标需要 $i+1$ 个，定位坐标矩阵如式(5.27)所示。

$$A = \{a_{(q+1)\times \text{col}_r}\} = \begin{Bmatrix} i, j, \cdots, z, & r \\ i, j, \cdots, z, r+1 \\ \vdots \vdots & \vdots & \vdots \\ i, j, \cdots, z, r+q \end{Bmatrix} = \begin{Bmatrix} A_0 \\ A_1 \\ \vdots \\ A_q \end{Bmatrix} \tag{5.27}$$

式中，$i = \text{col}_r - 1$；$q+1$ 是该关键语段所在的层级中总关键字数；A 是根据语义网络形成的对应关系。

基于恐慌语义的推理网络的描述矩阵如式(5.28)、式(5.29)所示。

$$M = \{m_{i,j}\} = \begin{Bmatrix} m_{A_0} & \omega_{A_1} \\ m_{A_1} & \omega_{A_2} \\ \vdots & \vdots \\ m_{A_{q-1}} & \omega_{A_{q-1}} \\ m_{A_q} & \omega_{A_q} \end{Bmatrix} \tag{5.28}$$

$$\sum_1^q \omega_{A_q} = 1 \tag{5.29}$$

式中，ω_{A_q} 是该层级中第 $q+1$ 个关键语段所占权重。

在实际应用中，采用图 5.18 中的四种情况作为算例分析，进行随机调查，参与调查的总人数为 300 人，各组划分如下。

(1)老年组(60 岁以上)：62 名，其中男性为 29 人，女性为 33 人。

(2)中年组(40 岁到 60 岁)：98 名，其中男性为 61 人，女性为 37 人。

(3)青年组(16 岁到 39 岁)：140 名，其中男性为 65 人，女性为 75 人。

本节采用统计学方法优化调查结果，优化权重，权重信息表如表 5.6 所示。

表 5.6　语义模型关键语段权重统计表

序号	事件类型	关键语段	投票人数/人	权重	序号	事件类型	关键语段	投票人数/人	权重
1	医闹事件	杀人	152	0.51	15	拥挤事件	让我出去	13	0.04
2	医闹事件	砍人	76	0.25	16	拥挤事件	别推我	32	0.11
3	医闹事件	救命	21	0.07	17	拥挤事件	有人摔倒了	57	0.19
4	医闹事件	偿命	38	0.13	18	拥挤事件	踩死人了	73	0.24
5	医闹事件	黑心	2	0.01	19	拥挤事件	挤死了	53	0.18
6	医闹事件	草菅人命	7	0.02	20	拥挤事件	喘不过气	50	0.17
7	医闹事件	误诊	4	0.01	21	拥挤事件	救命	22	0.07
8	灾害事件	滑坡	32	0.11	22	恐怖袭击	绑架	42	0.14
9	灾害事件	地震	57	0.19	23	恐怖袭击	爆炸	36	0.12
10	灾害事件	着火	28	0.09	24	恐怖袭击	炸弹	48	0.16
11	灾害事件	泥石流	23	0.08	25	恐怖袭击	有枪	47	0.16
12	灾害事件	洪涝	45	0.15	26	恐怖袭击	毒气	35	0.11
13	灾害事件	龙卷风	42	0.14	27	恐怖袭击	死人	26	0.09
14	灾害事件	海啸	73	0.24	28	恐怖袭击	杀人	66	0.22

为了便于基于恐慌语义模型匹配结果直观化展示，我们使用字符 γ 表示恐慌

语义模型匹配结果。

$$\gamma \in (0,1) \tag{5.30}$$

式中，恐慌语义模型匹配到恐慌相关关键语段时，$\gamma = 1$；否则，$\gamma = 0$。

5.5　恐慌行为面部表情特征

如何利用自动面部识别系统识别恐慌表情是行人恐慌行为判断中最具挑战性的任务之一。建立恐慌表情模型是建立多维数据融合的恐慌行为识别模型中最具重要性的任务之一。如何准确提取相关特征，高保真地捕捉面部表情的变化，是一个亟待进一步研究的课题。

5.5.1　典型面部表情识别

面部表情识别（facial expression recognition，FER）是一种通过分析从数字图像或视频帧中提取的视觉线索或特征来识别面部表情的技术。典型的自动面部识别系统包括人脸检测、特征提取和分类三个步骤。简单来说，第一步，从场景或视频帧中检测和裁剪人脸。一般来说，眼睛、鼻子和嘴角等面部标志有助于定位人脸区域。第二步，从裁剪后的人脸区域提取特征，并拼接成特征向量。然后将特征向量输入机器学习算法来识别面部表情。特征提取的方法包括基于纹理的特征提取方法和基于外观的特征提取方法等。这些特征提取方法也称为手工特征。第三步，典型的自动面部识别系统应用了自适应增强（adaptive boosting，AdaBoost）、支持向量机、K 近邻（k-nearest neighbor）等分类器对面部表情进行分类。但由于面部区域的遮挡、光照变化和头部偏转，自动面部表情识别仍然是一项具有挑战性的任务。此外，由于情绪状态引起的变化影响，如何准确提取所有相关的手工特征是一项艰巨的任务。这不仅会对人脸检测步骤的性能产生负面影响，而且会对面部表情的识别产生负面影响。因此，手工制作的特征有明显的缺点，限制了它们在识别面部表情时的性能。

5.5.2　基于深度神经网络的恐慌表情识别

本书提出一种用于识别面部表情的深度学习网络，即 FER-net（facial expression recognition），重点从灰度人脸图像中提取有用的特征。采用 Softmax 分类器对面部表情进行分类，主要区分恐慌表情和非恐慌表情。我们选择五个基准数据集，即面部表情识别 2013（facial expression recognition 2013，FER2013）数据集、日本女性面部表情（Japanese female facial expression，JAFFE）数据集、扩展的

Cohn-Kanade（extended CohnKanade，CK+）数据集、卡罗林斯卡指导性情绪面孔（Karolinska directed emotional faces，KDEF）数据集和真实世界的情感人脸（real-world affective faces，RAF）数据库，用来评估所提模型的有效性。

尽管目前存在一些用于自动面部表情识别系统的深度学习网络，但当它们面对需要彻底理解 FER 固有特征的数据时，大多数都不能很好地进行。传统的基于卷积神经网络的方法在小数据集上存在过拟合问题。尽管这些模型可以从训练过的数据集中学习共同特征，从而使它们能够在不同的类别中进行区分，但它们可能在不同的数据集上表现不佳。此外，当图像之间的对比不明显时，它们的训练效果也不好。更复杂的网络通常能够学习深度特征，但由于涉及的参数数量过多，它们经常导致模型过拟合。本书所提出的 FER-net 是专门设计用于学习恐慌表情在人脸图像中所表现出的详细的局部特征，如眼睛和嘴角。微面部表情在自动恐慌表情识别系统中起着重要作用。这些微表情在每个人身上都会出现，通常是无意识的。这些表情对于识别个体受试者的情绪是必不可少的。我们提出了一个简单的卷积神经网络来分类静态表达式，即使在小数据集上也表现良好。FER-net 的详细架构如图 5.20 所示。

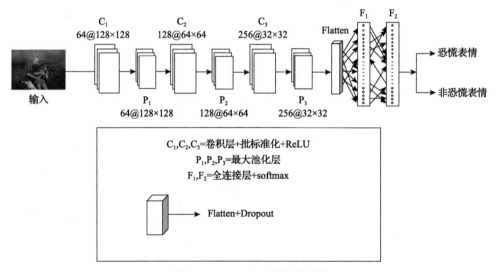

图 5.20　FER-net 的原理框图

如图 5.20 所示。FER-net 由三个卷积层（C_1、C_2 和 C_3）、三个最大池化层（P_1、P_2 和 P_3）和两个全连接层（F_1 和 F_2）组成。对三个卷积层和两个全连接层的输出进行批标准化。第一卷积层、第二卷积层和第三卷积层分别由 64 个、128 个和 256 个神经元组成。除了第二卷积层，每个卷积层有 3×3 个核。第二卷积层和最大池化层分别有 5×5 个和 2×2 个内核。第一个全连接层和第二全连接层分别由 512 个和 256 个神经元组成。此外，这些过滤器用于捕捉丰富的上下文信息，并允许模型学习真正的边缘变化。特征图 F 由第一卷积层获得，称为低级特征。剩余的卷积层生成特征映射，自动表示来自面部区域的边缘、角点、颜色等高级特征。在这里，对面部表情进行分类时考虑了低级特征和高级特征。卷积层的任务是借助核 W_i 对人脸图像 I 进行卷积运算。此外，卷积特征被输入激活函数，在这种情况下，激活函数是一个整流线性单元(ReLU)。

同时，通过批标准化调整激活函数的均值和尺度对输入层和隐含层的输出进行标准化，因为批标准化可以在不引起梯度消失问题的情况下获得较高的学习率。它在激活函数之后有更好的性能。因此，选择对输入层的输出执行批标准化。对得到的卷积特征图进行池化操作，可以减少过拟合问题。池化能够通过减少与 CNN 相关的参数数量来减少图像的空间表示。主要有三种不同类型的池化操作，如最大池化、最小池化和均值池化。在 FER-net 中使用最大池化。

最后，将第二层全连接层的输出输入到 softmax 层。将 softmax 激活函数应用于密集层的 FER-net 体系结构中。softmax 用于计算预测类的概率。概率最高的类被认为是一个输出。在本节中，我们使用五个公开的基准数据集，即 FER2013、JAFFE、CK+、KDEF 和 RAF 验证 FER-net 模型。

为了便于恐慌表情模型直观化，我们使用字符 β 表示面部表情识别结果，即 $\beta \in (0,1)$，其中面部表情被识别为恐慌表情时，$\beta = 1$；否则，$\beta = 0$。

5.6　恐慌行为多维特征识别模型

恐慌行为的发生多伴随声音、表情、语义和动作姿态等的变化。但通过单一维度判断行人出现恐慌行为的误差率较大，例如，行人出现恐慌表情时常存在仅心理恐慌而不出现恐慌行为的情况，而行人出现恐慌姿态且伴有恐慌语义等时多为恐慌行为。因此，本节结合行人实际情况优化模型，将恐慌姿态模型或运动轨迹模型中至少有一个模型判断为 1 且恐慌音频识别模型、恐慌表情识别模型和恐慌语义模型中一个及以上模型判断为 1 时作为判定恐慌行为的依据，提高恐慌行为识别准确性。综合上文的研究分析，建立多维数据融合的恐慌行为识别模型，如图 5.21 所示。

对多维数据融合的恐慌行为识别模型建立识别等式：

$$\begin{cases} \text{Criterion. } P = f_p \times [(\delta \vee \varepsilon \vee \eta) \wedge (\alpha \vee \beta \vee \gamma)] \\ f_p \in [0,1] \end{cases} \tag{5.31}$$

式中，f_p 是概率因子(取值范围 0—1)，在实际应用中，基于场景给出具体的适

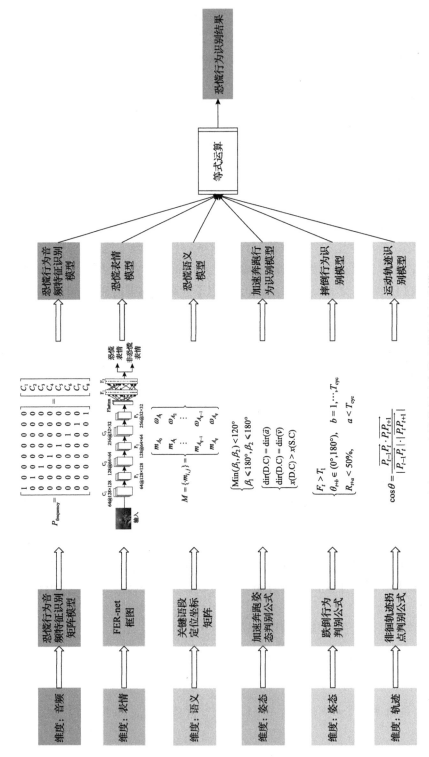

图 5.21 多维数据融合的恐慌行为识别模型

配值。∨表示逻辑"或"，∧表示逻辑"与"。

（1）通过第 4 章 4.5.2 节的拐点判据，统计行人运动轨迹中出现拐点的次数，当行人运动轨迹中出现拐点的次数超过阈值 N_{count} 时，即可判定该运动轨迹为徘徊行为，即 $\eta = 1$。同时，得到行人徘徊行为轨迹形状。

（2）当行人的动力学质心变化和行人姿态特征满足 5.2 节的加速奔跑行为判据，加速奔跑行为识别模型的结果 $\delta = 1$，此时行人运动行为被判断为加速奔跑行为；否则，此时行人运动行为不被判断为加速奔跑行为，即 $\delta = 0$。

（3）当行人的动力学质心高度变化和质心轨迹偏角变化满足 4.5.1 节的跌倒行为判据，跌倒行为识别模型的结果 $\delta = 1$，此时行人运动行为被判断为跌倒行为；否则，此时行人运动行为不被判断为跌倒行为，即 $\varepsilon = 0$。

（4）当采集到的音频能量归一化处理的结果落入 0—0.009、0.009—0.053、0.053—0.076、0.076—0.172、0.172—0.178、0.178—0.206、0.206—0.634、0.634—1 八个区间的任一区间时，该区间相应值设置为 1。基于恐慌行为音频特征识别矩阵模型，得到对应的矩阵。

C_1、C_3 和 C_5 代表恐慌行为的音频并且是性别区分的模糊区，C_2 代表女性恐慌行为音频，C_4 代表男性恐慌行为音频，C_6 和 C_8 代表不能区分行为的模糊区，C_7 代表正常交流行为的音频。当恐慌行为音频特征识别矩阵模型匹配结果为 C_1、C_2、C_3、C_4 或 C_5，则判定此时存在恐慌行为音频，即 $\alpha = 1$；否则，$\alpha = 0$。

（5）当调用百度 AI 接口，音频流实时识别为文字，计算机识别到"杀人了""救命"等关键语段，恐慌语义模型就会匹配基于恐慌语义的推理网络中的元素，定位到模型中的恐慌场景，恐慌语义匹配结果 $\gamma = 1$；否则，$\gamma = 0$。

（6）当通过识别面部表情的 FER-net 深度学习网络，从灰度人脸图像中提取的特征被 softmax 分类器分类后，被判定为恐慌表情，此时 $\beta = 1$；否则，$\beta = 0$。

行人加速奔跑行为识别结果 δ、行人摔倒行为识别结果 ε 和行人运动轨迹识别结果 η 通过逻辑"或"运算即 $(\delta \vee \varepsilon \vee \eta)$ 后得到的结果为运动模型判断结果；音频识别结果 α、面部表情识别结果 β 和恐慌语义模型匹配结果 γ 通过逻辑"或"运算即 $(\alpha \vee \beta \vee \gamma)$ 后的结果为辅助模型判断结果。运动模型判断结果与辅助模型判断结果逻辑"与"的结果为 1 或 0，逻辑"与"的结果与概率因子 f_p 相乘得到的结果为 Criterion.P。当 Criterion.P 的值超过工程应用中定义的阈值时，即可判断场景中出现恐慌行为。

5.7　本　章　小　结

本章首先介绍了恐慌行为的运动学特征和动力学特征，分析了恐慌音频特征，建立恐慌行为音频特征识别矩阵模型，并进一步区分男性恐慌音频和女性恐慌音频；其次，以大量真实案例作为模型实例，以语义知识网络作为情景表现形式，构建了恐慌语义模型和推理网络的描述矩阵；再次，构建了识别面部表情的深度学习网络，重点从灰度人脸图像中提取有用的特征。采用 Softmax 分类器区分恐慌表情和非恐慌表情；最后，得到了基于轨迹-姿态-音频-语义-表情多维数据融合的恐慌行为识别模型。

第6章　广义异常行为识别方法

6.1　广义异常行为定义

广义上的异常行为通常指很少发生的、明显区别于其他普遍行为的行为。研究人员将偏离正常的行为称为异常行为[119]。公共场所下的异常行为是指与所处情景不符、可能对自身或周围行人造成伤害，甚至造成一定规模安全事件的行为(图6.1)。公共场所下的异常行为泛在特征包括以下几点。①随机性。异常行为往往无法预测。②危害性。异常行为对自身或周围环境、行人产生危害。③情景依赖性。异常行为的界定需要依赖于特定的场所。④辨识性。异常行为需要具有一定的辨识性，因此辨识度低的轻微的肢体动作，不列入考虑范围。

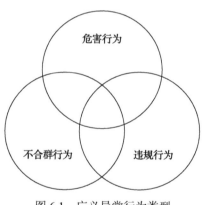

图6.1　广义异常行为类型

6.2　评价指标和常用识别方法

6.2.1　评价指标

人群异常行为识别评估有帧级标准和像素级标准。帧级标准是指如果一帧图像有一个及以上的异常像素，则该帧为异常帧；像素级标准是指检测到的异常行为区域与真实异常行为区域的交集超过预定阈值时才判定为成功检测出异常行为。行人异常行为识别任务常用的性能指标包括曲线下面积(area under curve,

AUC)、等错误率(equal error rate，ERR)、准确率(accuracy)、F1 分数。其中，AUC 是指接收者操作特性(receiver operating characteristic，ROC)曲线下的面积，AUC 数值越高代表检测效果越好；ERR 指错误接受率(false acceptance rate，FAR)和错误拒绝率(false rejection rate，FRR)相等时的错误率。

6.2.2　人工设计方法

人工设计方法是指基于人工设计特征的异常行为检测方法。早期行人异常行为识别方法多注重检测方面，并且多基于轨迹特征、光流特征、时空特征、梯度直方图等人工设计的特征。其基本思想在于通过这些人工设计的特征描述行为的外观和动作特征，以及正常行为与异常行为的差异。在生成这些特征后，研究人员通过聚类[92, 120]、隐马尔可夫模型[121, 122]、支持向量机[123]和稀疏重构[26, 124]等模型或方法检测并定位出异常行为在图像中的位置。

轨迹特征用来表示视频序列中物体的位置信息和速度信息，其由运动向量组成。Li 等[125]通过物体跟踪算法从视频中收集一组正常行为的轨迹，通过观察这些轨迹将其手动划分为不同子集；再对所有收集到的轨迹提取最小二乘三次样条曲线近似(least-squares cubic spline curves approximation，LCSCA)特征，并建立字典集。在测试阶段，将每个测试轨迹也用 LCSCA 特征表示，引入稀疏重构分析并设立了一个经验性的阈值来区分正常行为和异常行为。

与基于轨迹的行为理解方式不同，Roshtkhri 和 Levine[126]提出了一种基于逐像素时空特征分析的方法，使用时空视频卷(spatio-temporal video volumes，STVs)描述符来表示视频帧，并通过聚类的方法分别构建时域码本和空间域码本，从而学习每个像素的行为模式。Manosha Chathuramali 等[123]提出了两种时空描述符，其中，一种为基于光流值和轮廓特征的描述符，另一种为基于轨迹特征的描述符，通过这两种描述符使用支持向量机对正常行为和异常行为分类。其中，轮廓特征通过对每一帧使用背景减法提取人物和物体轮廓得到。

视频序列中的动态纹理(dynamic texture，DT)[127]是指一种具有空间不变性和时间一致性的统计量的平稳随机过程的实现。Li 等[119]使用混合动态纹理(mixed dynamic texture，MDT)模型解释复杂人群场景的外观和运动。总的来说，这些基于人工设计特征的方法容易受环境条件影响，且精度较差。例如，基于 MDT 的方法存在异常行为定位结果不准确等问题。

6.2.3　帧重构方法

基于重构的正常行为建模方法的基本假设是：正常行为相比于异常行为更容易重构。当训练数据只包含正常行为时，正常行为的重构误差较小，而异常行为的重构误差将非常大。重构的对象可以是视频帧序列中的运动特征也可以是单个或若干个图像帧。

目前，基于深度学习的帧重构多基于自编码器（auto encoders，AE）。AE[128] 是一种无监督全连接单隐藏层网络，用于从无标记数据中学习，可用于解决单分类问题。Chong 和 Tay[129]将视频帧序列作为输入，使用 AE 重构输入的帧序列和欧式距离衡量重构误差，通过归一化重构误差进而计算输入帧序列的正常分数。其使用的 AE 包含用于空间维度编解码的二维卷积层，以及用于时间维度编解码的卷积长短期记忆（convolutional long short-term memory，ConvLSTM）层，能够较为有效地提取行为的时空特征。如图 6.2 所示，该算法能在异常行为出现时输出一个较低的正常分数。

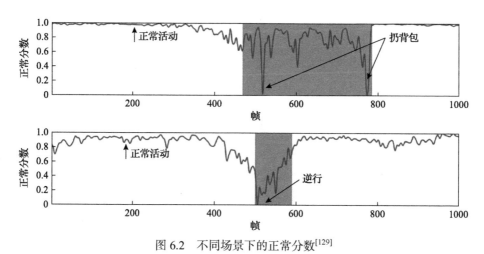

图 6.2　不同场景下的正常分数[129]

在时空特征提取方法的选择上，Zhao 等[130]采用被广泛应用于视频分析的三维卷积网络并集成到 AE 中，其效果要明显优于只使用二维卷积的方法。在三维卷积中，第 l 层中第 i 通道内位置 (x,y,z) 的元素 α 值为

$$\alpha_l^{ixyz} = f\left(\sum_{k=1}^{K_l} \sum_{h=1}^{H_l} \sum_{w=1}^{W_l} \sum_{d=1}^{D_l} \theta_{l,i}^{kdzwd} \alpha_{l-1}^{k(x+h)(y+w)(z+d)} + \beta_l^i \right) \tag{6.1}$$

式中，D_l 是三维卷积核的深度；θ、β 是卷积核的参数；$f()$ 是激活函数。基于三维卷积，Zhao 等设计了图 6.3 中的网络架构。编码器包含四个三维卷积层，用于从输入视频片段中提取时空特征。每个卷积核的输出特征图都是具有时间维度的三维张量（而不是二维卷积网络中的二维矩阵，在二维卷积网络中，每次卷积操作后都会丢失输入信号的时间信息），三维卷积操作保留了输出中的时间信息。通

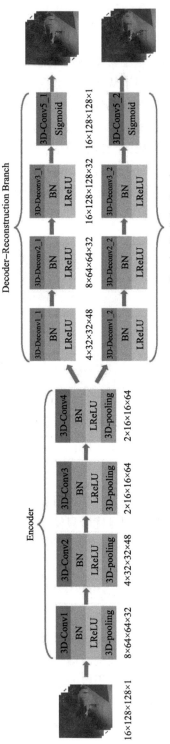

图 6.3　使用三维卷积网络的重构图像[130]

Encoder表示编码器；Decoder-Reconstruction Branch表示具有支路重构重构的解码器。3D-Conv即3D-Convolution，表示三维卷积操作；3D-pooling表示三维池化操作；BN即batch normalization，表示批量归一化；LReLU即leaky rectified linear unit，表示泄漏修正线性单元；3D-Deconv即3D-Deconvolution，表示三维反卷积操作

过增加了核的数量，网络可以在深层提取复杂的语义特征。批量归一化层应用于每个卷积层后，加快了训练阶段的收敛速度。除最后一个卷积层外，每个三维卷积层后使用核大小为 2×2×2、步长为 2×2×2 的三维最大池化层。在编码器部分之后，自动编码器的瓶颈隐藏层形状为 2×16×16×64，包含从输入视频片段中编码的时空特征。解码器部分的结构与编码器部分对称。由三个三维卷积层堆叠形成，然后是一个三维卷积层作为重建分支，从隐藏层重建输入信号。解卷积操作实际上是卷积的梯度操作。在解码器部分使用步长为 2×2×2 的三维解卷积层，而不使用解池层。最后一层采用 Sigmoid 函数，以适应归一化的输入数据。

尽管上述方法的效果优于一些基于人工设计特征的方法，但是，Gong 等[131]指出，AE 的泛化能力很好，即使是异常行为也可能很好地被重构。如果某些异常行为与用于训练的正常行为有着相似的样式（局部轮廓等），则 AE 也能有效重构这些异常行为。为解决这一问题，Gong 等[131]为 AE 添加了一个 Memory（记忆）模块，称为 MemAE 模型。这一模型能够在一定程度上保证正常行为的重构误差较小，而异常行为的重构误差较大。

6.2.4 帧预测方法

Liu 等[132]指出，由于深度神经网络具有强大的拟合和泛化能力，基于帧重构方法的假设并不总是成立的，即异常行为的重构误差并不总是更大，因此，他们提出了使用视频帧预测的方法检测异常行为。具体而言，对于输入一个视频片段，通过一个预测器（generator）得到预测帧。如果当前输入帧与预测帧相一致，则表示该输入帧不包含异常行为，否则，预测帧与输入帧差异较大的区域可被认定为发生异常行为的区域。在预测未来帧中，Liu 等使用了一个改进的 U-Net（网络架构见图 6.4），包含两部分：①逐渐降低空间分辨率的编码器；②通过提高空间分辨率逐步恢复图像的解码器。另外，对于每两个卷积层，Liu 等保持输出分辨率不变以实现未来帧预测。

为了使得预测结果接近真实图像，预测帧 $\hat{I}$ 和实际帧 I 之间的距离用 L2 距离衡量：

$$L2(\hat{I}, I) = \| \hat{I} - I \|_2^2 \tag{6.2}$$

生成未来帧时仅考虑强度和梯度之间的差异无法保证预测出具有正确运动的帧。这是因为当预测帧中所有像素的像素强度发生了微小的变化时，对应于梯度和强度的预测误差很小，但这可能导致完全不同的光流，而光流是运动的良好估计。因此，特别是在异常检测中，通常希望保证运动预测的一致性，因为运动的一致性是评估正常事件的一个重要因素。因此，我们引入了时间维度上的损失，将其定义为预测帧与实际帧的光流之差：

$$L_{\mathrm{op}} = \left\| f(\hat{I}_{t+1}, I_t) - f(I_{t+1}, I_t) \right\|_1 \tag{6.3}$$

其中，光流的生成是通过 f 函数得到的，特别地，为了得到精确的光流，Liu 等使用了 FlowNet 来生成光流。

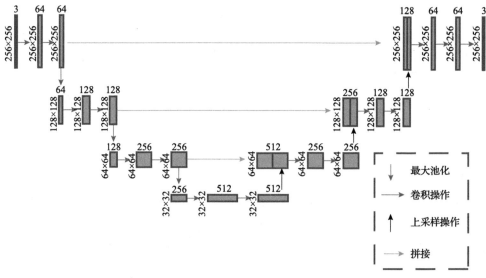

图 6.4　面向未来帧生成的改进 U-Net[132]

在测试过程中，Liu 等使用峰值信噪比 (peak signal to noise ratio，PSNR) 来评估图像质量：

$$\mathrm{PSNR}(I, \hat{I}) = 10 \log_{10} \frac{\left[\max_{\hat{I}} \right]^2}{\frac{1}{N} \sum_{i=0}^{N} (I_i - \hat{I}_i)^2} \tag{6.4}$$

第 t 个帧的 PSNR 高，说明该帧正常的可能性大。在计算出每个测试视频中每一帧的 PSNR 后，Liu 等将每个测试视频中所有帧的 PSNR 归一到[0, 1]范围内，并通过式 (6.5) 计算出每一帧的正常得分：

$$S(t) = \frac{\mathrm{PSNR}(I_t, \hat{I}_t) - \min_t \mathrm{PSNR}(I_t, \hat{I}_t)}{\max_t \mathrm{PSNR}(I_t, \hat{I}_t) - \min_t \mathrm{PSNR}(I_t, \hat{I}_t)} \tag{6.5}$$

在图 6.5 中，方框代表有/无运动限制模型预测的光流差异。可以看到，有运动限制的预测帧的光流更接近实际帧。

有动作限制的预测结果　　　　无动作限制的预测结果

光流结果　　　　　　有动作限制的光流信息　　　　无动作限制的光流信息

图 6.5　UCSD Ped1 数据集上的光流和预测图像的可视化[132]

Liu 等[133]在后续的研究中将边际学习嵌入到帧预测网络中，用于学习更紧凑的正常行为数据分布，并扩大正常行为和异常行为之间的边界。此外，由于异常行为或异常事件是无界的，其提出的方法能更有效地检测从未观察到的异常行为。Wang 等[134]提出了一种基于多路径卷积的帧预测网络，其能更好地处理不同尺度的语义信息和区域，并捕获正常行为的时空依赖关系。

6.2.5　端对端的异常分数计算方法

帧重构和帧预测方法的共同点在于都会先学习新的数据表示之后再定义异常分数。然而，Wang 等[134]认为，当表示学习和异常检测方法分开时将会产生次优甚至是与异常检测方法无关的表示。Sultani 等[135]使用深度多实例排序框架学习异常行为，将只包含正常行为和异常行为的视频视为包，将视频片段视为多实例学习中的实例，并自动学习深度异常排序模型。该模型将计算异常视频片段的异常分数，将异常行为检测作为一个回归问题，进而使得异常视频片段比正常视频片段具有更高的异常分数。

肖进胜等[136]以视频输入形成视频包的形式，使用三维卷积核提取视频包的单帧空间特征和多帧时间特征后再作加权融合；使用全连接层压缩特征数量并使用注意力机制对各特征加权处理；利用包级池化操作将视频包级别的特征映射为该视频包的异常分数。

Pang 等[137]提出了一种基于自训练有序回归的端到端无监督视频异常检测方法，其在没有手动标记的正常、异常数据下，端对端学习一组视频帧的异常分数。该方法主要包括三个模块(图 6.6)：①使用现有的无监督异常检测方法检测没有异常行为的正常帧样本 A 和存在异常行为的异常帧样本 N；②这些样本被输入到端对端评分模块中用于优化异常评分；③生成相应的新异常分数集，用于更新正常帧样本和异常帧样本。端到端异常分数学习器将 A 和 N 作为输入，并学习优化异常分数，使与 A(N)中行为相似的数据输入获得较大(较小)的分数。异常分数学习器主要包含一个 ResNet50 网络和一个输出层。

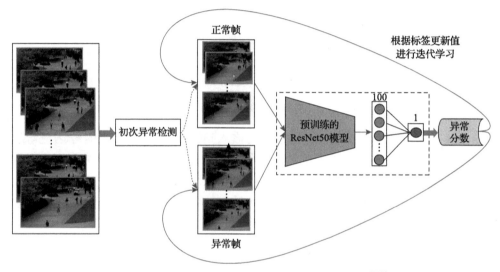

图 6.6　自训练有序回归的端到端无监督异常检测[137]

在迭代学习的每次迭代中，Pang 等使用新获得的伪标签 A 和 N 替换之前的伪标签，然后重新训练端到端异常学习器。每次迭代都会输出一个优化的异常学习器，因此迭代学习的结果就是一组训练有素的模型。与顺序集合学习类似，Pang 等对所有顺序输出的模型进行平均聚合，以获得稳定的检测性能。Pang 等指出，异常分数的端到端学习方式使得可以利用现有的深度神经网络技术来定位和理解特定帧内造成较大异常分数的异常区域。图 6.7 展示了一些异常行为对应的异常区域，与帧的异常事件相对应的区域都以较高的激活值得到了很好的突出显示。

图 6.7 较大异常分数的异常区域[137]

6.2.6 综合性方法

除上述提到的人工设计、帧重构、帧预测和端对端的异常分数计算方法，一些综合性的方法也被提出。Georgescu 等[138]通过对象级别的自监督和多任务学习实现视频中的异常行为检测，利用一个预先训练好的检测器用于检测物体，通过联合学习多个代理任务(三个自监督任务和一个基于知识蒸馏的代理任务)来训练3D 卷积神经网络产生用于判定异常行为的信息。这三个自监督任务分别是：①判断物体是向前/向后移动；②检测连续帧中物体的运动不规则性；③重构物体的外观信息。在推理过程中，通过平均每个任务的预测分数来计算异常分数。

图 6.8 为该算法的架构图。其中，物体运动方向用时间箭头表示；物体的运动不规则性通过分类器学习；一个 2D 的 CNN 用于重构检测到的物体，当遇到运动异常的异常点时(比如一个人在奔跑)，输入的以物体为中心的行人序列将因不充足的信息而使得模型无法准确重建中间的边界框，从而被标记为异常点。另外，该算法中还包含一个知识蒸馏任务，即 3D CNN 模型学习预测来自 ResNet50 最后一层(在 softmax 层之前)的特征。图 6.9 展示了一组异常定位示例以及测试视频的帧级异常得分。

Tang 等[140]把帧重构和帧预测方法结合在一起，将 2 个 U-Net 模块串联起来作为生成器。其网络模型的输入是 4 个堆叠帧 I_t、I_{t+1}、I_{t+2}、I_{t+3}，第 1 个 U-Net 网络的输出为中间结果 I_m；中间帧 I_m 包含未来帧的信息，并将其传递给下一个 U-Net 网络，用于生成重构帧 $\hat{I}_{t+4}$。优化的目标值是最小化 I_m 和 $\hat{I}_{t+4}$ 之间的差异。

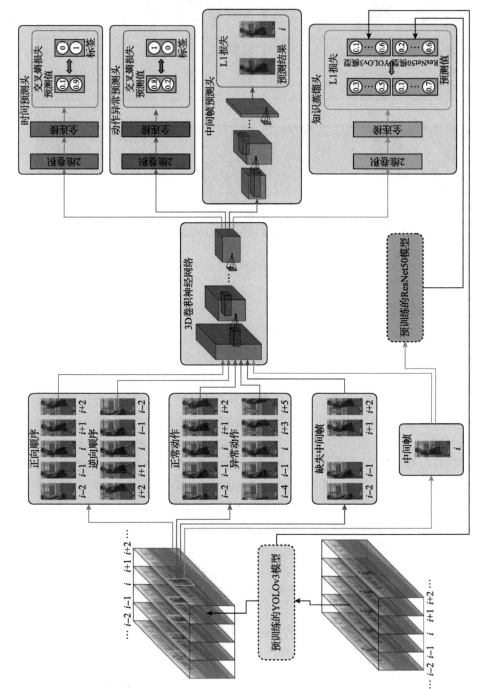

图 6.8　三个自监督任务与一个代理任务综合识别异常[139]

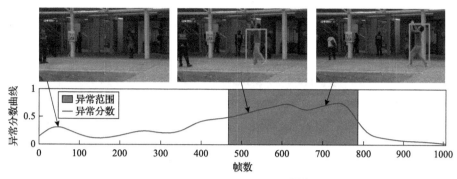

图 6.9　帧级别的异常得分[139]

6.3　本　章　小　结

本章探讨了广义异常行为的定义和识别方法，涵盖了多种技术和模型。首先引入广义异常行为的定义及其特征；其次将主流的广义异常行为识别方法划分为人工特征方法、帧重构方法、帧预测方法、端对端的异常分数计算方法和综合性方法。

第7章 异常行为扰动与人群稳定性分析

7.1 人群稳定性研究框架

人群密集场所内发生危险事件的前兆往往就是人群的混乱和无序状态。为了防止人群混乱拥挤而引发踩踏等安全事故，通过分析干扰因素的具体内容及各因素之间的内在关系，找出原因所在，并根据干扰因素的分析结果提出管控措施，减小拥挤踩踏事故发生的可能性，对于人员密集场所的安全管理具有重要的意义。

本章首先定义人群扰动及分类，研究人群的压力特征，由随机布朗运动来建立异常行为的扰动动力学模型，构建扰动强度和扰动力的表达式，并借鉴阻尼运动的思路讨论扰动的消弭机制，对人群运动提出一些指导意见。其次，验证扰动的传播性，引入流体力学基本理论，修正扰动影响下的行人流公式，并且基于Lyapunov 稳定性判据，判定扰动干扰下人群流动稳定性动态变化特征。本章研究框架如图 7.1 所示。

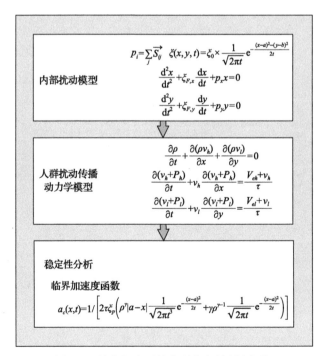

图 7.1　异常行为下的人群稳定性研究框架

7.2　人群异常行为扰动模型

在许多情况下，由于某些物理环境的突然变化或是行人行为的突变，造成人群运动区域中某点域受到干扰，会导致人群流从稳定的有序状态渐变为混乱的不稳定状态，这些能影响人群流状态的关键点称为扰动点[141]。

根据人群扰动点的形成原理将其分为突变型扰动点和释放型扰动点，前者属于内部扰动，后者属于外部扰动。突变型扰动点指的是行人突发异常情况，首先主要表现为姿态异常，其次为表情和声音异常等。其中，姿态异常最具传导性和危害性，包括行人速度突变、行人掉头、行人跌倒和聚集斗殴等，这些异常行为会导致人群内部产生巨大扰动力，从而扰乱原本稳定的人群流。释放型扰动点指的是人员密集场所的公共设施过于紧凑、障碍物数量较多、疏散通道及楼梯数量不足、出入口数量不足等因素，导致人群流动受限。释放型扰动问题一般在场所建立前进行讨论。据统计突变型人群扰动更容易导致严重的人群事故，因此在现有人群流的研究中，公共场所行人突发异常行为扰动更值得关注。本书讨论的是异常行为下的人群扰动，属于突变型扰动点。

7.2.1　行人压力特征

人类由于智能性，对周围个体行为的重大变化会有清晰的感受和认知，并产生应急反应。在拥挤的情况下前进时，人群之间会有一定的"压力"，这个"压力"可以描述为人们在遇到紧急情况时内心紧迫的感受程度，并且影响人群的后续运动。

1) 行人质点级接触

物理学上，接触是压力产生的前提[142]。首先，定义两个行人 i 和 j 之间的压力表示为 p_{ij}，该值不是真实的压力单位。其次，判断行人之间接触与否。图 7.2 和图 7.3 为行人接触区域示意图。

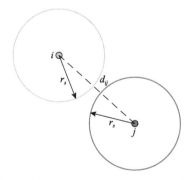 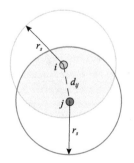

图 7.2　无接触情况下行人接触区域示意图　　图 7.3　有接触情况下行人接触区域示意图

$$\vec{p_{ij}} = f(r_s - d_{ij})\vec{f_{ij}} \tag{7.1}$$

$$f(r_s - d_{ij}) = \begin{cases} r_s - d_{ij}, & r_s - d_{ij} > 0 \\ 0, & 其他 \end{cases} \tag{7.2}$$

式中，r_s 是行人接触的空间阈值；d_{ij} 是行人 i 和行人 j 动力学质心间的距离。当行人间距离小于空间阈值时，产生接触，产生压力。

2）行人肢体级压力

在第 3 章的研究中，基于视频图像数据，考虑实际的人体结构和节段质量分布，从肢体级统一到质点级求出运动质心。因此，在讨论行人运动的压力特征时，可以从质点级分解到肢体级来考虑。当行人之间接触时，一定有肢体上的挤压，如图 7.4 所示，身体子节段拥有各自的方向、速度、加速度。有接触的身体子节段的合力会在两个行人相对位置方向产生分量，从而产生肢体级的压力。因此，计算公式为

$$\vec{f_{ij}} = \frac{1}{|\vec{n_{ij}}|}\left(\left(\sum_k \vec{F_{ik}}\right) \times \vec{n_{ij}} + \left(\sum_k \vec{F_{jk}}\right) \times (-\vec{n_{ij}})\right) \tag{7.3}$$

式中，$\vec{F_{ik}}$ 是行人 i 有接触部分的各子节段力；$\vec{F_{jk}}$ 是行人 j 有接触部分的各子节段力；$\vec{n_{ij}}$ 是由行人 i 指向行人 j 的单位向量。

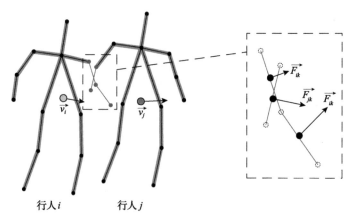

图 7.4 肢体级压力示意图[105]

当与行人 i 接触的行人 j 有多个时，叠加计算个体的等效压力值 p_i。

$$\vec{p_i} = \sum_j \vec{p_{ij}} \tag{7.4}$$

7.2.2　异常行为扰动的动力学模型

随机游走模型[143]最初是个体流动模型，由于个人行为存在自由意志以及任意性，因此流动也具有一定的随机性。其中，布朗运动是最简化的一类随机游走。在数学上，其具有独立和正态分布的增量。

假设粒子可以采取 $1/k^{0.5}$ 步长，同时以相等的概率向左或向右移动，并且在时间 t 之后，粒子已经完成了 $N=tk$ 个步数。对于一个给定的 k，粒子在时刻 t 的位移：

$$X_k(t) = \frac{1}{\sqrt{k}} \sum_{i=1}^{tk} \Delta X_i \tag{7.5}$$

当 k 取极值 $k \to \infty$ 时布朗运动发生，这是中心极限定理（central limit theorem，CLT）的结果。实际上当 k 很大的时候，$X_k(t)$ 的极值趋近于 $X(t)$，其概率密度函数（probability density function，PDF）是

$$P(x,t) = \frac{1}{\sqrt{2\pi t\sigma^2}} e^{\frac{-(x-\mu kt)^2}{2t\sigma^2}} \tag{7.6}$$

式中，$\mu = <\Delta X>$ 和 $\sigma^2 = <\Delta X^2>$ 是随机游走位移的均值和方差。对于这种情况，一阶矩为零且 $\sigma^2 = 1$。

由于人群内部扰动类似于白噪声干扰，不能完全用确定性变量来表示，同样具有随机性，因此可将随机游走模型用以描述扰动运动。Langevin（朗之万）方程被用来描述流体粒子受到紊流的速度，其被建模为布朗运动，该方程首先应用于均匀各向同性的湍流，随后 Pope[144] 将其应用于非均匀情况，Durbin 和 Speziale[145] 又将其应用于各向异性扩散情况，此后布朗运动被广泛应用于内部随机扰动建模中。

随机过程 $\{B(t), t \geqslant 0\}$，满足以下几个条件。

（1）$B(0) = 0$。

（2）$B(t)$ 为独立增量过程。

（3）对任意的 $t > s > 0$，$B(t) - B(s) \sim N(0, \sigma^2(t-s))$。

（4）$t \to B(t) = 0$ 是连续的。

将式（7.6）应用到实际的扰动运动场景中，$B(t)$ 表示在 x 轴方向的位移，假设初始时刻的位置为 x_0，则布朗运动的转移方程，即概率密度函数为

$$P(x,t \mid x_0) = \frac{1}{\sqrt{2\pi t}} e^{\frac{-(x-x_0)^2}{2t}} \tag{7.7}$$

当识别出行人有异常行为时，判定该点为扰动发生点 (a, b)，有一初始扰动量 ξ_0，取值可参考文献[146]。扰动具有随机性，扰动强度反映人群内部的扰动衰减规律，呈现指数幂级衰减函数特征，即扰动点处人群的扰动强度最大，周围人群以 e 的指数形式衰减。由此可知，在人群内部随机扰动影响下 (x, y) 处人群的扰动强度如式(7.8)所示。

$$\xi(x,y,t) = \xi_0 \times \frac{1}{\sqrt{2\pi t}} \mathrm{e}^{-\frac{(x-a)^2 + (y-b)^2}{2t}} \tag{7.8}$$

式中，t 是扰动已发生的时长。

最后，定义扰动力：

$$\xi_F(x,y,t) = \xi(x,y,t) \times F(a,b,0) \tag{7.9}$$

式中，$F(a, b, 0)$ 是异常行为被判定的初始时刻的行人质心力。将扰动强度与扰动力分开是为了本章 7.3.1 节的扰动传播研究，探究扰动对人群的影响时，可以用扰动强度作为系数去修正人群的一些参数，如速度、密度等。

7.2.3　异常行为的扰动消弭模型

本实验团队观测发现，行人异常行为对其相邻行人的扰动过程，既存在牛顿第二定律的力学特征，又存在周围行人对其反作用力和内部摩擦力，以及与位移呈线性关系的弹性力学特征。多数情况下，该扰动最终会因为能量耗散而终止，这与机械领域的二阶阻尼运动模型原理相同。为此，本书采用质量块-弹簧-阻尼用的二级阻尼振动动力学模型，构造异常行为扰动消弭动力学模型。

1) 阻尼振动理论

阻尼振动的运动方程[147]：

$$ma = -m\omega^2 x - \alpha v \tag{7.10}$$

式中，m 是质量；ω 是角速度；α 是阻尼系数。第一个负号是因为回复力的方向和位移相反，第二个负号是因为阻力的作用方向和速度方向相反。将加速度 a 和速度 v 写成微分形式，可得到

$$\frac{\mathrm{d}^2 x}{\mathrm{d}t^2} + \frac{\alpha}{m}\frac{\mathrm{d}x}{\mathrm{d}t} + \omega^2 x = 0 \tag{7.11}$$

定义 $\beta = \alpha/2m$，将其理解为描述阻力相对强弱的一个指标，这样运动方程就可以改写成

$$\frac{d^2x}{dt^2} + 2\beta\frac{dx}{dt} + \omega^2 x = 0 \tag{7.12}$$

这依然是一个常系数的微分方程。求解之后，就可以得到振子的位移随时间的变化关系。对于解 $x(t)$，其自身、一阶导数、二阶导数可以互相抵消得到零，因此会具有 $e^{\lambda t}$ 的形式，将试解 $x(t) = Ae^{\lambda t}$ 代入要求解的微分方程中，得到

$$(\lambda^2 + 2\beta\lambda + \omega^2)Ae^{\lambda t} = 0 \tag{7.13}$$

以上关系要对任意 t 都成立，这便要求待定系数 λ 满足

$$\lambda^2 + 2\beta\lambda + \omega^2 = 0 \tag{7.14}$$

习惯上这被称作微分方程的特征方程 (characteristic equation)。容易解出，这个二次方程的根为

$$\lambda = -\beta \pm \sqrt{\beta^2 - w^2} \tag{7.15}$$

根号下可能大于 0，小于 0，或者等于 0。这三种情况分别将对应于过阻尼（over damping）、欠阻尼（light damping）和临界阻尼（critical damping）的振动行为，如图 7.5 所示。

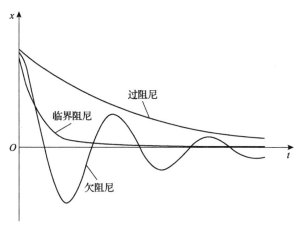

图 7.5　阻尼的三种情况[105]

2) 行人系统的阻尼振动

对于多个行人组成的人群系统[147]，有阻尼结构的自由振动方程如下：

$$M\ddot{U} + C\dot{U} + KU = 0 \tag{7.16}$$

式中，U、M、C、K 分别是广义的位移矩阵、质量矩阵、阻尼矩阵和刚度矩阵。各矩阵的元素及维数均为时变，需采用复模态法求解人群系统的模态参数。

引入

$$X = \begin{Bmatrix} U \\ U \end{Bmatrix}, \quad A = \begin{bmatrix} C & M \\ M & 0 \end{bmatrix}, \quad B = \begin{bmatrix} K & 0 \\ 0 & -M \end{bmatrix} \tag{7.17}$$

则状态空间方程为

$$AX + BX = 0 \tag{7.18}$$

设解为

$$X = \Phi e^{rt} \tag{7.19}$$

式中，r 是特征值；Φ 是特征向量。因此，得到特征值问题

$$(rA + B)\Phi = 0 \tag{7.20}$$

式 (7.20) 与式 (7.13) 形式类似，间接证明了人群系统采用阻尼振动的可行性。

在此基础上，考虑单个行人，回复力可看作硬性碰撞，用个体等效压力代替，等效压力越大，行人越拥挤，回复力越大；而阻力可看作柔性接触，可用扰动力来代替，越接近异常行为发生的地方，阻力越大。阻尼矩阵为行人点处的扰动力，刚度矩阵为行人点处的等效压力。另外，当行人与周围其他人没有接触，并且不在扰动影响的范围内，将其看作阻尼振子就没有意义了。因此，二维行人系统中，式 (7.11) 转换为

$$\frac{\mathrm{d}^2 x}{\mathrm{d}t^2} + \xi_{F,x} \frac{\mathrm{d}x}{\mathrm{d}t} + p_x x = 0 \tag{7.21}$$

$$\frac{\mathrm{d}^2 y}{\mathrm{d}t^2} + \xi_{F,y} \frac{\mathrm{d}y}{\mathrm{d}t} + p_y y = 0 \tag{7.22}$$

则

$$\begin{aligned} \beta^2 &= \xi^2 / 4 \\ \omega^2 &= p \end{aligned} \tag{7.23}$$

为了使得行人振子在扰动力和压力两重作用下逐渐衰减，使得异常行为造成的扰动尽快消弭，需要在时间 t 时刻，尽量满足临界阻尼的条件：

$$\beta^2 - \omega^2 = \xi^2/4 - p = 0 \tag{7.24}$$

分析可知，当异常行为引发的扰动一旦发生，某一点处某时刻的扰动力就已经确定，为了满足阻尼条件，需要严格控制人群间的压力。因此，在人群流动过程中，有以下指导建议。

(1)人与人保持合理安全距离，尽量不要有接触和碰撞。

(2)遇到异常行为发生扰动时，远离扰动点处的行人应快速向外围分散，不要逗留徘徊和到处观望。

(3)遇到异常行为发生扰动时，靠近扰动点处的行人应减慢速度，减少相互挤压，防止产生二次异常。

7.3　人群内部扰动的稳定性分析

7.3.1　扰动的传播

扰动传播是连续介质理论的重要问题[148]，本节利用动力学的相关概念和理论，研究人群中扰动传播的特点，验证人群中扰动传播的可信性。

人群中扰动产生和传播的过程如图 7.6 所示。假设初始时刻，行人以相等的

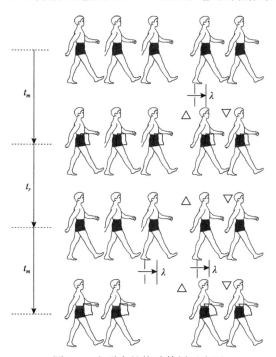

图 7.6　人群中的扰动传播示意图

间距 δ 站立成一排，突然一个人向前移动了一下，移动距离为 λ，迈步时间为 t_m，从原本的稳定位置到达新位置，形成了一个扰动，造成了人群局部密度的变化。具体来说，扰动者前面产生了一个拥挤信号(图中用▽表示)，而后面则形成一个稀疏信号(图中用△表示)。对人群中的个体来说，出于感官与本能的驱使，为了自身的舒适与安全，将与周围行人保持一个合适的距离，因此也会采取措施移动位置。

由于扰动者位置移动产生的扰动，率先被相邻的行人感知，经过反应时间 t_r，后方和前方的行人都会有向前走的行为，其迈步时间同样也为 t_m，扰动者引起扰动的行为相同，说明扰动进行了传播。

1) 行人跌倒场景扰动传播

以行人跌倒场景为例展开研究，为简化问题，如图 7.7 和图 7.8 所示，假设行人的移动在一维平面上，标记行人分别为 $i-1$、i、$i+1$，当中间行人 i 跌倒时，其对前后的行人均会产生影响，这就代表异常行为发生了扰动并进行了传播。

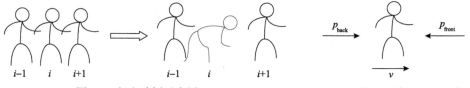

图 7.7　行人跌倒示意图　　　　　　图 7.8　一维行人前后压力示意图

考虑本章 7.2.1 节中提到的行人压力特征，行人在运动过程中，受到前后行人的挤压，分别有一个后方压力 p_{back} 和前方压力 p_{front}，跌倒时刻记录为 t_s，整个异常过程有一小段的持续，则三个行人的压力变化如图 7.9 所示。

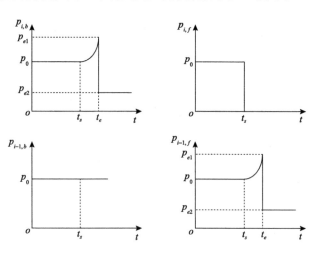

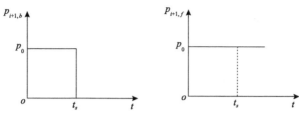

图 7.9　行人跌倒的压力特征示意图[105]

对于行人 i，跌倒发生时，其速度在前进方向上会有骤降，而后方的行人仍会有向前的冲力，因此行人 i 的后方压力 p_{back}（对应图中 $P_{i,b}$）会突增，然后衰减到一个较小的稳定值。前方行人由于视野的原因，会保持继续前进，因此前方压力 p_{front}（对应图中 $P_{i,f}$）变为零。对于后方行人 $i-1$，其后方压力不变，前方压力和行人 i 的后方压力是相互作用力，即保持一致。对于前方行人 $i+1$，其前方压力不变，后方压力和行人 i 的前方压力是相互作用力，即保持一致。

基于此，可知行人跌倒的动力学模型如下。

（1）对于行人 i 有

$$p_i = p_{i,b} + p_{i,f}, \quad p_{i,b} = \begin{cases} p_0, & t < t_s \\ p_0 e^{t-t_s}, & t_s \leqslant t < t_e \\ kp_0 e^{t_e-t_s}, & t \geqslant t_e, k < 1 \end{cases}, \quad p_{i,f} = \begin{cases} p_0, & t < t_s \\ 0, & t \geqslant t_s \end{cases} \tag{7.25}$$

式中，由于运动方向给定，这里压力 p 取式(7.4)中的标量。k 是瞬时衰减系数。叠加行人的前方受力和后方受力，可知当发生跌倒行为时，行人 i 的总压力会在 t_s 时刻骤降，随后以指数形式快速上升，最后又在 t_e 时刻衰减到一个稳定值附近。

（2）对于后方行人 $i-1$ 有

$$p_{i-1} = p_{i-1,b} + p_{i-1,f}, \quad p_{i-1,b} = p_0, \quad p_{i-1,f} = \begin{cases} p_0, & t < t_s \\ p_0 e^{t-t_s}, & t_s \leqslant t < t_e \\ kp_0 e^{t_e-t_s}, & t \geqslant t_e, k < 1 \end{cases} \tag{7.26}$$

叠加行人的前后方受力，行人 $i-1$ 的总压力会在 t_s 时刻以指数形式快速上升，最后又在 t_e 时刻衰减到一个稳定值附近，最终受的压力将小于初始时刻的压力，可以理解为跌倒发生后，后方行人开始有意保持一定的安全距离。

（3）对于前方行人 $i+1$ 有

$$p_{i+1} = p_{i+1,b} + p_{i+1,f}, \quad p_{i+1,b} = \begin{cases} p_0, & t < t_s \\ 0, & t \geqslant t_s \end{cases}, \quad p_{i+1,f} = p_0 \tag{7.27}$$

叠加行人的前后方受力，行人 $i+1$ 的总压力会在 t_s 时刻下降，之后维持一个稳定值。

2)行人掉头场景扰动传播

以行人掉头场景为例展开研究，如图 7.10 所示，假设行人的移动在一维平面上，标记行人分别为 $i-1$、i、$i+1$，当中间行人 i 掉头时，其对前后的行人均会产生影响，这就代表异常行为发生了扰动并进行了传播。

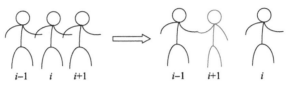

图 7.10　行人掉头示意图

三个行人的压力变化如图 7.11 所示。对于行人 i，掉头发生时，其速度在前进方向上逐渐减到零后再反向，而后方的行人仍会有向前的冲力，因此行人 i 的后方压力 p_{back} 会突增，然后保持在一个高位的挤压水平。前方行人由于视野的原因，会保持继续前进，因此前方压力 p_{front} 变为零。行人 $i-1$ 和行人 $i+1$ 的受力分析同跌倒场景(图 7.8)。

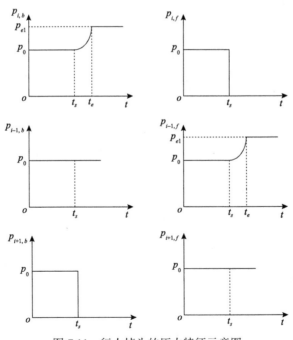

图 7.11　行人掉头的压力特征示意图

基于此，可知行人掉头的动力学模型如下。

(1) 对于行人 i 有

$$p_i = p_{i,b} + p_{i,f}, \quad p_{i,b} = \begin{cases} p_0, & t < t_s \\ p_0 e^{t-t_s}, & t_s \leqslant t < t_e \\ p_0 e^{t_e-t_s}, & t \geqslant t_e \end{cases}, \quad p_{i,f} = \begin{cases} p_0, & t < t_s \\ 0, & t \geqslant t_s \end{cases} \tag{7.28}$$

叠加行人的前方受力和后方受力，可知当发生掉头行为时，行人 i 的总压力会在 t_s 时刻骤降，随后以指数形式快速上升，在 t_e 时刻之后到达一个相对稳定的较高值附近。

(2) 对于后方行人 $i-1$ 有

$$p_{i-1} = p_{i-1,b} + p_{i-1,f}, \quad p_{i-1,b} = p_0, \quad p_{i-1,f} = \begin{cases} p_0, & t < t_s \\ p_0 e^{t-t_s}, & t_s \leqslant t < t_e \\ p_0 e^{t_e-t_s}, & t \geqslant t_e \end{cases} \tag{7.29}$$

叠加行人的前后方受力，行人 $i-1$ 的总压力最终将大于初始时刻的压力。

(3) 对于前方行人 $i+1$ 有

$$p_{i+1} = p_{i+1,b} + p_{i+1,f}, \quad p_{i+1,b} = \begin{cases} p_0, & t < t_s \\ 0, & t \geqslant t_s \end{cases}, \quad p_{i+1,f} = p_0 \tag{7.30}$$

叠加行人的前后方受力，行人 $i+1$ 的总压力先下降后稳定。

综上所述，若是正常行人运动时，所有的行人压力看作恒定值，而当发生跌倒行为或是掉头行为时，压力会产生变化，说明异常行为扰动会在人群中传播并带来影响。

7.3.2　人群扰动传播动力学模型

任何扰动在动态的人群流动中，都会进行不同程度的动力学传播，式(7.8)给出了人群异常行为的扰动数学模型，在此基础上本节基于流体动力学理论提出人群异常行为的内部扰动传播动力学模型。

流体力学与行人流具有一定的相似性，在连续介质假设的基础上，可将流体力学的连续性方程用来描述行人流的运动特征[149]。表 7.1 展示了行人流与流体流的参数比较。

行人动力系统的发展遵循一维空间中的交通流理论。用于建模车辆交通流量和行人疏散流量的主要守恒方程是相同的，除了车辆交通是 1-D 空间问题，行人系统是 1-D 向 2-D 空间扩展的问题。模型的特征被转移到诸如流量 $f(\rho, v)$，密度

表 7.1　行人流与流体流的参数比较[150]

参数	流体流	行人流
离散元素	分子	行人个体
	微团	行人微团域
连续元素	微元流束	单排
	流管	并行多排
物理量	质量 M	行人数 Q
	流速 v	速度 v
	过流面积 A	过流宽度 W
	体积 V	面积 A
状态量	密度 ρ	行人密度 ρ
	压力 P	作用力 P
	压强 p	压强 p
	流量 $q = \rho v$	流量 $q = \rho v$

ρ，速度 v，一维或二维空间 (x, y) 和时间 t 等重要参数及其取值上，其中，流量函数 $f(\rho, v) = \rho(x,t)V(\rho(x,t))$，速度是密度的函数。

在行人系统的 1-D 空间中，LWR (Lighthill-Whitham-Richards, 莱特希尔-惠西姆-理查兹) 模型[151]满足连续性质量守恒方程：

$$\frac{\partial \rho}{\partial t} + \frac{\partial (\rho v)}{\partial x} = 0 \qquad (7.31)$$

在行人系统的 2-D 空间中，密度和速度是独立的，需要第二个方程来连接它们。PW (Payne-Whitham, 佩恩-惠瑟姆) 模型使用具有期望项 $c(\rho)$ 和松弛项 S 的双耦合偏微分方程 (partial differential equation, PDE) 的行人动力学模型。然而 Daganzo[152]指出，该模型的特征速度可能大于宏观流体的速度，会导致后方流体显著影响前方流体运动，这是不符合物理特性的。A. Aw 和 M. Rascle 在 2000 年提出了基于流量的人群动力学模型[153]，通过修改"压力"(pressure) 项，使用"压力"项的对流导数，使得模型具有交通流的各向异性特性，能够根据时间与空间变化预测人群行为。参考 AR (Aw-Rascle) 交通流模型的压力项形式，建立异常行为下的人群流压力项，如式 (7.32) 所示。

$$P = f(\rho, \gamma, \xi) \qquad (7.32)$$

式中，ρ 是人群密度；γ 是压力系数；ξ 是扰动强度。

$$\gamma = \frac{p}{F} \tag{7.33}$$

式中，压力系数 γ 是行人压力 p 和行人质心力 F 的比值。压力代表行人受到单位面积上的外力，例如跌倒、掉头等异常行为的压力动力学模型参考式 (7.25)—式 (7.30)，质心力是驱使行人运动的内力，当 $p>F$ 时，行人受到的挤压强于自身的可控力，容易发生不安全事件。根据对行人跌倒和掉头行为的研究，γ 的取值范围在 (1,1.7] 之间。

$$P_h(\rho, \gamma, \xi) = \rho^\gamma \times \xi_x = \rho^\gamma \times \xi_0 \times \frac{1}{\sqrt{2\pi t}} e^{-\frac{(x-a)^2}{2t}} \tag{7.34}$$

$$P_l(\rho, \gamma, \xi) = \rho^\gamma \times \xi_y = \rho^\gamma \times \xi_0 \times \frac{1}{\sqrt{2\pi t}} e^{-\frac{(y-b)^2}{2t}} \tag{7.35}$$

式中，P_h 和 P_l 分别是水平和垂直的压力项。压力项是对速度梯度项的改进形式，并不是真实的压力单位。

根据第 3 章的研究，运动质心力 F 与其变化率 φ 在正常步行条件下均有最大阈值，若是超过此上限阈值，极有可能发生异常行为。

定义初始扰动量 ξ_0 为

$$\xi_0 = \text{Max}\left(\frac{F}{F_m}, \frac{\varphi}{\varphi_m} \right), \quad \xi_0 > 1 \tag{7.36}$$

式中，F 和 φ 分别是发生异常行为的行人的质心力与变化率；F_m 和 φ_m 分别是两个安全阈值。

因此，人群异常行为的内部扰动传播动力学模型表示为

$$\frac{\partial \rho}{\partial t} + \frac{\partial (\rho v_h)}{\partial x} + \frac{\partial (\rho v_l)}{\partial y} = 0 \tag{7.37}$$

$$\frac{\partial (v_h + P_h(\rho, \gamma, \xi))}{\partial t} + v_h \frac{\partial (v_h + P_h(\rho, \gamma, \xi))}{\partial x} = \frac{V_{eh} - v_h}{\tau} \tag{7.38}$$

$$\frac{\partial (v_l + P_l(\rho, \gamma, \xi))}{\partial t} + v_l \frac{\partial (v_l + P_l(\rho, \gamma, \xi))}{\partial y} = \frac{V_{el} - v_l}{\tau} \tag{7.39}$$

式中，v_h 和 v_l 分别是水平和垂直方向的速度；V_{eh} 和 V_{el} 分别是水平和垂直方向的平衡速度；τ 是松弛因子。

7.3.3　人群稳定性分析

1) Lyapunov 稳定性原理

俄国学者 Lyapunov(李雅普诺夫)在 1892 年采用状态向量来描述系统的稳定性,其提出的稳定性理论不仅适用于线性、多变量和时变系统,也适用于非线性系统,近年来广泛应用于各研究领域。

假设系统方程为

$$\dot{x} = f(x,t) \tag{7.40}$$

式中,x 是 n 维的状态向量;$f(x,t)$ 是 n 维向量函数,可以是线性的,也可以非线性的,可以是定常的,也可以是时变的;t 是时间变量。其系统方程的展开式为

$$\dot{x} = f_i(x_1, x_2, \cdots, x_n, t) \quad i = 1, 2, \cdots, n \tag{7.41}$$

假设方程的解为 $x(t; x_0, t_0)$,其中,x_0 是初始状态向量,t_0 是初始时刻,则初始条件 x_0 必满足 $x(t_0; x_0, t_0) = x_0$。

Lyapunov 的稳定性主要研究系统的平衡状态。对于所有时间 t,只要是满足 $\dot{x}_e = f_i(x_e, t) = 0$ 状态的 x_e 均称为平衡状态。此时系统各分量相对于时间就不再发生任何变化。若已知系统的状态方程,只要令 $\dot{x} = 0$,求解状态方程得到解 x,这就是平衡状态。

假设系统的初始状态位于以 x_e 为球心,δ 为半径的封闭球域 $S(\delta)$ 中,则有

$$\|x_0 - x_e\| \leqslant \delta \tag{7.42}$$

式中,$x_0 - x_e$ 是欧几里得范数,其几何意义为空间距离的尺度,其数学表达式为

$$\|x_0 - x_e\| = [(x_{10} - x_{1e})^2 + \cdots + (x_{n0} - x_{ne})^2]^{0.5} \tag{7.43}$$

设 $S(\varepsilon)$ 为包含满足式(7.44)所有点的一个球域,则有

$$\|\phi(t; x_0, t_0) - x_e\| \leqslant \varepsilon \tag{7.44}$$

如果每一个 $S(\varepsilon)$ 都存在一个 $S(\delta)$ 与之对应,使得当 t 无限增大时,从 $S(\delta)$ 内出发的轨迹均不会离开 $S(\varepsilon)$,那么则表示系统的平衡状态 x_e 在 Lyapunov 意义下是稳定的。如图 7.12 所示。

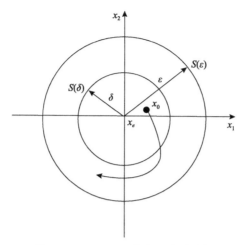

图 7.12 Lyapunov 意义下的稳定性

2）基于 Lyapunov 原理的人群稳定性分析

本节聚焦于异常行为下的人群稳定性研究，首先给出 Lyapunov 意义下的人群稳定性定义如下。

假设人群流动模型的平衡态流量为 $q_e(x,y,t) = \left[\rho_e(x,y,t), v_{he}(x,t), v_{le}(y,t)\right]^{\mathrm{T}}$，扰动流量为 $q_\xi(x,y,t)$。如果扰动流量的空间梯度有界，则该人群流动在 $q_e(x,y,t)$ 扰动下的传播是稳定的，即 $\dfrac{\partial q_\xi}{\partial x}(x,y,t) < \infty$ 且 $\dfrac{\partial q_\xi}{\partial y}(x,y,t) < \infty$。对任意 $t > 0$，$(x,y) \in M$，M 是整个人群流动的研究场景。除上述以外，当 $\lim\limits_{t\to\infty}\dfrac{\partial q_\xi}{\partial x}(x,y,t) = 0$ 且 $\lim\limits_{t\to\infty}\dfrac{\partial q_\xi}{\partial y}(x,y,t) = 0$ 时，平衡态流量 $q_e(x,y,t)$ 的传播是渐近稳定的[154]。

假设该模型有一个恒定的疏散密度 $\rho_0 = \rho_e$ 和速度 $v_0 = V_e(\rho_e)$、$u_0 = U_e(\rho_e)$。考虑在均衡密度和平均速度附近出现一个由异常行为引发的扰动，表示为

$$\xi = (x,y) - X(t) - Y(t) \tag{7.45}$$

式中，(x,y) 是在时刻 t 疏散群体的位置。

分别求 $X(t)$ 和 $Y(t)$ 的导数：

$$\dot{X}(t) = v_{h_{c1,2}}(\rho_0, v_{h0}) = v_{h0} + \lambda_{h1,2} \tag{7.46}$$

$$\dot{Y}(t) = v_{l_{c1,2}}(\rho_0, v_{l0}) = v_{l0} + \lambda_{l1,2} \tag{7.47}$$

式中，$\lambda_{h1,2}$ 和 $\lambda_{l1,2}$ 是水平和竖直方向的特征值。可以得到 $\rho(x,y,t)$、$v_h(x,t)$、$v_l(y,t)$ 的幂级数展开如式(7.48)、式(7.49)和式(7.50)所示。

$$\rho(x,y,t) = \rho_0 + \xi\rho_1(t) + \frac{1}{2}\xi^2\rho_2(t) + \cdots \tag{7.48}$$

$$v_h(x,t) = v_h^0 + \xi v_h^1(t) + \frac{1}{2}\xi^2 v_h^2(t) + \cdots \tag{7.49}$$

$$v_l(y,t) = v_l^0 + \xi v_l^1(t) + \frac{1}{2}\xi^2 v_l^2(t) + \cdots \tag{7.50}$$

因此，$\rho(x,y,t)$、$v_h(x,t)$ 和 $v_l(y,t)$ 的偏微分导数如式(7.51)—式(7.56)所示。

$$\frac{\partial\rho(x,y,t)}{\partial t} = -\left(\dot{X}(t)+\dot{Y}(t)\right)\rho_1(t) + \xi\dot{\rho}_1(t) + \xi\left(-\dot{X}(t)-\dot{Y}(t)\right)\rho_2(t) + \frac{1}{2}\xi^2\dot{\rho}_2(t) + \cdots$$
$$\tag{7.51}$$

$$\frac{\partial\rho(x,y,t)}{\partial(x,y)} = \rho_1(t) + \xi\rho_2(t) + \cdots \tag{7.52}$$

$$\frac{\partial v_h(x,t)}{\partial t} = -\dot{X}(t)v_h^1(t) + \xi\dot{v}_h^1(t) + \xi\left[-\dot{X}(t)\right]v_h^2(t) + \frac{1}{2}\xi^2\dot{v}_h^2(t) + \cdots \tag{7.53}$$

$$\frac{\partial v_h(x,t)}{\partial x} = v_h^1(t) + \xi v_h^2(t) + \frac{1}{2}\xi^2 v_h^3(t) + \cdots \tag{7.54}$$

$$\frac{\partial v_l(y,t)}{\partial t} = -\dot{Y}(t)v_l^1(t) + \xi\dot{v}_l^1(t) + \xi\left[-\dot{Y}(t)\right]v_l^2(t) + \frac{1}{2}\xi^2\dot{v}_l^2(t) + \cdots \tag{7.55}$$

$$\frac{\partial v_l(y,t)}{\partial y} = v_l^1(t) + \xi v_l^2(t) + \frac{1}{2}\xi^2 v_l^3(t) + \cdots \tag{7.56}$$

同理，可以获得压力项 P_ξ 和均衡速度 $V_{eh}(\rho,v_h),V_{el}(\rho,v_l)$ 的偏导数如式(7.57)—式(7.61)所示。

$$\frac{\partial P_{\xi h}}{\partial x} = (P_{\xi h})_x^0 + \xi(P_{\xi h})_x^1 + \frac{1}{2}\xi^2(P_{\xi h})_x^2 + \cdots \tag{7.57}$$

$$\frac{\partial P_{\xi l}}{\partial y} = (P_{\xi l})_y^0 + \xi(P_{\xi l})_y^1 + \frac{1}{2}\xi^2(P_{\xi l})_y^2 + \cdots \tag{7.58}$$

$$\frac{\partial P_{\xi(h,l)}}{\partial \rho} = (P_{\xi(h,l)})_\rho^0 + \xi \frac{\partial (P_{\xi(h,l)})_\rho^0}{\partial \rho} \rho_1(t) + \cdots \tag{7.59}$$

$$V_{eh}(\rho,v) = V_{eh}^0 + \xi \left[(V_{eh})_\rho^0 \rho_1(t) + (V_{eh})_{v_h}^0 v_h^1(t) \right] + \cdots \tag{7.60}$$

$$V_{el}(\rho,u) = V_{el}^0 + \xi \left[(V_{el})_\rho^0 \rho_1(t) + (V_{el})_{v_l}^0 v_l^1(t) \right] + \cdots \tag{7.61}$$

将式(7.48)—式(7.61)代入式(7.37)、式(7.38)和式(7.39),保留前面两项 ξ^0 和 ξ^1,我们可以获得方程,如式(7.62)—式(7.65)所示。

$$u_h^0 \rho_1 + \rho_0 v_h^1 = 0 \tag{7.62}$$

$$\dot{\rho}_1 + 2\rho_1 v_h^1 + u_h^0 \rho_2 + \rho_0 v_h^2 = 0 \tag{7.63}$$

$$v_h^1 + \left((P_{\xi h})_\rho^0 + (P_{\xi h})_x^0 \right) + \rho_1 = 0 \tag{7.64}$$

$$u_h^0 v_h^2 + u_h^0 \left((P_{\xi h})_\rho^0 + (P_{\xi h})_x^0 \right) \rho_2 + v_h^1 + (v_h^1)^2 + \left((P_{\xi h})_\rho^0 + (P_{\xi h})_x^0 \right) \dot{\rho}_1$$
$$+ u_h^0 \frac{\partial (P_{\xi h})_\rho^0}{\partial \rho \partial x} (\rho_1)^2 + \left((P_{\xi h})_\rho^0 + (P_{\xi h})_x^0 \right) \rho_1 v_h^1 + \frac{v_h^1 - (V_{eh})_\rho^0 \rho_1(t)}{\tau} = 0 \tag{7.65}$$

式中, $u_h^0 = \lambda_{h1,2}$,将式(7.62)代入式(7.64)得出式(7.66)。

$$u_h^0 - \left((P_{\xi h})_\rho^0 + (P_{\xi h})_x^0 \right) \rho_0 = 0 \tag{7.66}$$

可以看出 ρ_2 和 v_h^2 项的系数是线性独立的,并且可由式(7.64)和式(7.65)估算。从式(7.62)可以得出 $\rho_1 = \dfrac{-\rho_0 v_h^1}{u_h^0}$,将其代入式(7.63)和式(7.65)中,得到伯努利方程,如式(7.67)所示。

$$\dot{v}_h^1 + \alpha v_h^1 + \beta (v_h^1)^2 = 0 \tag{7.67}$$

式中, $\alpha = \dfrac{1}{2\tau} \left(1 - \sqrt{-2 \left((P_{\xi h})_\rho^0 + (P_{\xi h})_x^0 \right) \dot{V}_h \tau} \right) \neq 0$ 和 $\beta = 2 + \dfrac{\dfrac{\partial (P_{\xi h})_\rho^0}{\partial \rho \partial x} \rho_0}{\left((P_{\xi h})_\rho^0 + (P_{\xi h})_x^0 \right)} = \gamma +$

$1 > 0$ 。

伯努利方程的解 $v_h^1(t) = \dfrac{\alpha}{\beta} \dfrac{e^{-\alpha t}}{\left(1 + \dfrac{\alpha}{\beta v_h^1(0)}\right) - e^{-\alpha t}}$ ，因此考虑扰动的人群流的稳

定性可由初始条件 $v_h^1(0)$ 和参数 α 和 β 决定，由 Lyapunov 稳定性判断原理，$\lim\limits_{t \to \infty} v_h^1(t) = 0$ ，则系统稳定，由此可以总结得出该伯努利方程稳定性判断条件，如表 7.2 所示。

表 7.2　考虑内部扰动的人群流动系统稳定性条件

参数 α 和 β	稳定范围	不稳定范围
$\beta > 0$, $\alpha > 0$	$v_h^1(0) \in \left[-\dfrac{\alpha}{\beta}, \infty\right)$, $v_h^1(t) \to 0$	$v_h^1(0) \in \left(-\infty, -\dfrac{\alpha}{\beta}\right)$, $v_h^1(t) \to -\infty$
$\beta > 0$, $\alpha = 0$	$v_h^1(0) \in R$, $v_h^1(t) \to 0$	$\varnothing$
$\beta > 0$, $\alpha < 0$	$v_h^1(0) \in [0, \infty)$, $v_h^1(t) \to -\dfrac{\alpha}{\beta}$	$v_h^1(0) \in (-\infty, 0)$, $v_h^1(t) \to -\infty$
$\beta < 0$, $\alpha = 0$	$\varnothing$	$v_h^1(0) \in R$, $v_h^1(t) \to \infty$
$\beta \langle 0, \alpha \rangle 0$	$v_h^1(0) \in \left(-\infty, -\dfrac{\alpha}{\beta}\right)$, $v_h^1(t) \to 0$	$v_h^1(0) \in \left[-\dfrac{\alpha}{\beta}, \infty\right)$, $v_h^1(t) \to \infty$
$\beta < 0$, $\alpha < 0$	$v_h^1(0) \in (-\infty, 0)$, $v_h^1(t) \to -\dfrac{\alpha}{\beta}$	$v_h^1(0) \in (0, -\infty)$, $v_h^1(t) \to \infty$
$\beta = 0$, $\alpha > 0$	$v_h^1(0) \in R$, $v_h^1(t) \to 0$	$\varnothing$
$\beta = 0$, $\alpha < 0$	$\varnothing$	$v_h^1(0) \in R$, $v_h^1(t) \to \infty$

在扰动情况下，一般大规模高聚集人群的密度是陡增的，速度是陡减的，所以速度的导数小于 0，即 $v_h^1(t) < 0$ ，由上文知 $\alpha \neq 0$ ，$\beta > 0$ ，所以系统稳定范围符合 $v_h^1(0) \in \left(-\dfrac{\alpha}{\beta}, 0\right)$ ，因此 $\alpha > 0$ ，即

$$\frac{1}{2\tau}\left(1 - \sqrt{-2\left((P_{\xi h})_\rho^0 + (P_{\xi h})_x^0\right)V_h \tau}\right) > 0 \tag{7.68}$$

$$-\dot{V}_h < \frac{1}{2\left((P\xi h)_\rho^0 + (P\xi h)_x^0\right)\tau} \tag{7.69}$$

式中，"–" 是方向；τ 是松弛因子。设式 (7.69) 中的 $\dfrac{1}{2\left((P_{\xi h})_\rho^0 + (P_{\xi h})_x^0\right)\tau} = a_c(x,t)$ ，$a_c(x,t)$ 命名为临界加速度函数，该函数值与人群内部随机扰动压力有关，将 $P_{\xi h}$ 代

入 $a_c(x,t)$ 求解得式 (7.70)。

$$a_c(x,t) = 1 \bigg/ \left[2\tau\xi_0 \left(\rho^\gamma \mid a-x \mid \frac{1}{\sqrt{2\pi t^3}} \mathrm{e}^{-\frac{(x-a)^2}{2t}} + \gamma\rho^{\gamma-1} \frac{1}{\sqrt{2\pi t}} \mathrm{e}^{-\frac{(x-a)^2}{2t}} \right) \right] \tag{7.70}$$

因此，$a_c(x,t)$ 值随着行人离扰动点的距离 x 以及扰动持续时长 t 的变化而变化。

7.4　实验与结果分析

7.4.1　异常行为扰动特性分析

由本章 7.3.1 节的分析可知，跌倒行为和掉头行为发生时行人之间的接触形式不一致，因此有不同的压力特征和扰动形式。根据文献[155]的总结，人体承受 6200 N 的压力 15 s，就会造成拥挤窒息。随着时间的推移，压力阈值不断降低。假设行人间的有效接触面积为 0.15 m²，$p_{max}=4.13\times10^4\,\mathrm{N/m^2}$。本节中，对于跌倒行为，在时间[$t_s$, t_e]内任意时刻，行人压力满足 $p_i<p_{i+1}<p_{i-1}$，即在一定距离范围内，扰动中心点压力值最小，如图 7.13 所示，用 FD（fall down）标识。而对于掉头行为，扰动中心点值则最大，如图 7.14 所示，用 TB（turn back）标识。图中 v 表示人群整体流动速度和运动方向。

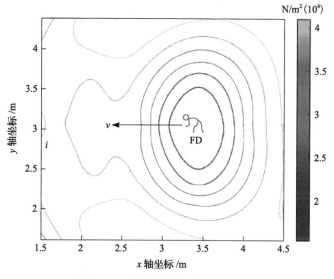

图 7.13　跌倒行为扰动传播示意图

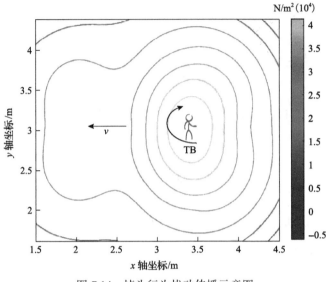

图 7.14　掉头行为扰动传播示意图

7.4.2　人群稳定性分析

考虑内部扰动的人群流动稳定性分析判据，为临界加速度函数，假设行人步行加速度取值范围为 0—1.5 m/s^2。该函数值与三个变量有关：扰动持续时长、与扰动中心距离和人群密度。

首先，以水平方向为例子，讨论临界稳定函数值与扰动持续时长的关系，如图 7.15 所示。取 $\xi_0 = 1.5$、$\gamma = 1.2$、$\tau = 1$、$\rho_0 = 3$ 人/m^2，带三角形的曲线表示扰动点 $x = a$ 处的临界稳定函数值，可以看出某次扰动随着时间的推移，临界稳定函数值会增大，并在仿真时间 10 s 之后，大于 1.5 m/s^2，这表明随着时间的推移扰动能量衰减，人群趋向稳定。

其次，图 7.15 中带圆形的曲线表示扰动点 $x = a + 1$ 处的临界稳定函数值，带方形的曲线表示扰动点 $x = a + 2$ 处的临界稳定函数值，可以看出在同一时刻，离扰动中心距离越远，人群临界稳定值越大，行人运动的自由度越大。另外，带方形的曲线在时间 4 s 之前，稳定值有一个先下降再上升的过程，可以理解为离扰动点距离较远处，在扰动刚发生的时候会受到内圈人群的向外挤压扩散，从而短时间内加速度的稳定值增加。

最后，研究扰动点 $x = a$ 处的临界稳定函数值与密度的关系，取 $\xi_0 = 1.5$、$\gamma = 1.2$、$\tau = 1$，扰动持续时长 $t = 10$ s。如图 7.16 所示，临界稳定函数与人群密度成反比，即人群密度越大，人群临界稳定值越小，也就说想要保持人群稳定，在

人群越密集的时候，越要严格控制行人加速度。同时，可以看出在密度值为3 人/m²
左右时，临界稳定函数值在 1.5 m/s²，与图 7.15 相符合，证明了基于 Lyapunov 人
群稳定性分析在内部扰动下的可行性。

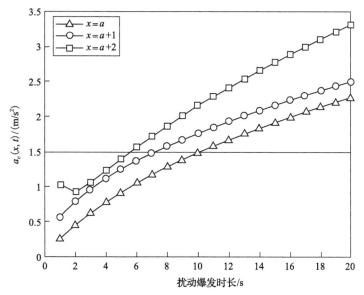

图 7.15　临界稳定函数值与扰动持续时长的关系图

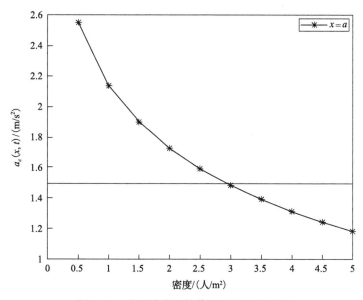

图 7.16　临界稳定函数值与密度的关系图

7.5 本 章 小 结

本章首先提出了人群内部扰动和外部扰动,研究行人的压力特征,建立了异常行为的扰动动力学模型以及扰动力的表达形式,借鉴阻尼运动的思想讨论了扰动的消弭机制,对人群运动提出了指导意见。其次,引入流体力学基本理论,比较流体流和行人流的可替性,建立了人群扰动传播动力学模型。最后,根据 Lyapunov 稳定性判据,判定扰动干扰下人群流动稳定性动态变化特征,发现了人群临界稳定函数值与扰动持续时长、中心距离正相关,与人群密度负相关。

第 8 章　计算机视觉检测开发资源

8.1　OpenCV

OpenCV(open source computer vision library，开源计算机视觉库)是一个广泛使用的开源计算机视觉库，用于开发计算机视觉应用程序。OpenCV 提供了许多预先构建好的计算机视觉算法和函数，可以帮助开发人员轻松地构建各种计算机视觉应用程序。

OpenCV 最初由英特尔公司开发，现已成为开源项目，具有跨平台性，可以在 Windows、Linux、macOS 等多个操作系统上运行。OpenCV 支持多种编程语言，如 C++、Python、Java 等。OpenCV 的功能包括图像处理、计算机视觉、机器学习、目标检测、人脸识别、运动跟踪、三维重建等。OpenCV 广泛应用于图像和视频处理、医学图像处理、安防监控、智能交通系统、机器人技术、虚拟现实、游戏开发等领域。由于其强大的功能和灵活的应用性，OpenCV 已成为计算机视觉领域的重要工具。

8.1.1　OpenCV 图像预处理

由于硬件条件的限制和环境干扰，数码相机等设备直接获取的图像不可避免地存在噪声或偏离真实视觉效果，而不能直接被用于进一步的视觉信息提取。因此，对于机器视觉来说，图像预处理是非常必要的。OpenCV 提供了多种图像预处理操作，包括色彩空间转换、图像平滑、边缘处理、二值化和形态学操作等，可用于对监控摄像头采集得到的原始图像进行增强和改善。例如，应用图像预处理技术，改善由摄像头本身产生的噪声和环境光照的影响。

1. 直方图均衡化

直方图均衡化是一种简单有效的图像增强技术，通过改变图像的直方图来改变图像中各像素的灰度，主要用于增强动态范围偏小的图像的对比度而不影响整体对比度的效果，使原始图像的细节变得更加清晰。OpenCV 中的直方图均衡化函数为 cv2.equalizeHist()，函数的输入为灰度图像，输出结果为直方图均衡化后的图像。应用直方图均衡化预处理，可改善人群图像中背景和前景过暗或过亮的情况，使得人物更清晰。如图 8.1 所示，当拍摄的人群图像过暗时，可通过 cv2.equalizeHist() 函数增强人物亮度。

（a）原始的灰度图像　　　　　　　　　　（b）经过直方图均衡化的灰度图像

图 8.1　灰度图像

图片拍摄于 2023 年 3 月 10 日，地点：南宁东高铁站

2. 形态学运算

图像的形态学运算主要包括图像膨胀和图像腐蚀。图像膨胀是一种图像处理中的形态学操作，常用于增强目标区域的边缘或连接断裂的部分。腐蚀操作在数学形态学上的作用是消除物体的边界点，使边界向内部收缩的过程，主要用于将小于物体结构元素的物体去除。例如，两个物体之间有细小的连通，可以通过腐蚀操作将两个物体分开。如图 8.2、图 8.3 和图 8.4 所示，应用图像膨胀和腐蚀操作，可以对初步提取的人群图片进行降噪处理。

图 8.2　原始人群轮廓

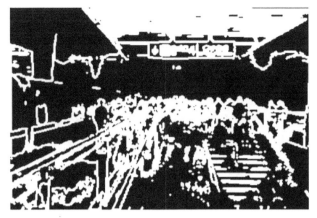

图 8.3　经过膨胀运算的人群轮廓

图 8.4　经过腐蚀运算的人群轮廓

8.1.2　OpenCV 特征检测与图像匹配

在图像识别和检测领域，特征点常用于物体识别、图像匹配、视觉跟踪、三维重建等问题。SIFT(scale invariant feature transform，尺度不变特征变换)是一种用于图像处理和计算机视觉中的特征检测和描述方法。它能够在图像中检测到关键点，并提取这些关键点周围的局部特征描述子，这些描述子对于图像的尺度、旋转和亮度变化具有不变性。在人群行为识别中，特征点(如 SIFT 特征点)可以作为关键的信息来源，帮助识别和理解人群的行为。特征点的运动模式和分布可以用于检测异常行为，比如人群中的突然停滞、交通拥堵等情况，从而及时发现可能出现的安全问题或事件。另外，利用特征点的匹配(图 8.5)，可以跟踪图像序列中的行人。通过匹配行人身体部位的特征点，比如头部、肩部等，可以实现对行人的跟踪，从而监测和分析他们的行为。

图 8.5　基于特征点的图像匹配

图片拍摄于同济大学嘉定校区，2023 年 4 月 17 日，拍摄者：同济大学公共安全实验团队

8.2　OpenPose

OpenPose 是一种基于深度学习的实时多人姿势估计库，可从视频或图像中提取单人或多人的身体姿势，它使用了神经网络模型来预测人体骨骼关键点位置。OpenPose 是由卡内基梅隆大学 (Carnegie Mellon University，CMU) 开发的，它使用了卷积神经网络和有监督学习等技术来实现人体姿势估计。OpenPose 还提供了C++和 Python 接口，可以帮助开发者构建各种应用程序，如基于人体姿势的手势识别、动作分析、人物建模等。OpenPose 属于一阶段的多人姿态估计算法，其主要包含两部分：用于检测人体姿态骨架中关节点的主干网络，以及将所有人体关节点连接成多个单人骨架的 PAF 算法。

利用 OpenPose 检测人群中的行人骨骼关键点，提取人体姿态特征用于研究行人的行为动作，这一技术路线目前逐渐成为研究热点。由于 OpenPose 属于一阶段的多人姿态估计方法，其算法耗时不受场景内人数的影响。图 8.6 和图 8.7 分别展示了 OpenPose 在单人和多人场景时的姿态估计效果。

图 8.6　OpenPose 单人姿态估计示例

图 8.7　OpenPose 多人姿态估计示例

图片拍摄于同济大学嘉定校区，2023 年 4 月 17 日，拍摄者：同济大学公共安全实验团队

8.3　AlphaPose

AlphaPose 是由上海交通大学卢策吾团队研发的多人姿态估计库。与 OpenPose 类似，AlphaPose 也能实现实时的多人人体姿态估计，并且其在多人或存在重叠的人体图像上性能比较突出，同时 AlphaPose 也在逐步支持 3D 人体姿态估计。AlphaPose 是基于 Python 和 PyTorch 开发的，更便于开发人员应用于开发各种应用程序。图 8.8 为 AlphaPose 的系统架构，系统分为五个模块，即(a)数据加载模块，可以将拍摄的图像、视频或摄像机视频流作为输入，(b)提供人工建议的检测模块，(c)处理检测结果的数据传输模块和裁剪每个单独的人用于后面的模块，(d)姿态估计模块，生成关键点和/或每个人的身份，(e)数据处理模块，处理和保存姿态结果。AlphaPose 框架是灵活的，每个模块包含几个组件，易于更换和更新。虚线框表示每个模块中的可选组件。

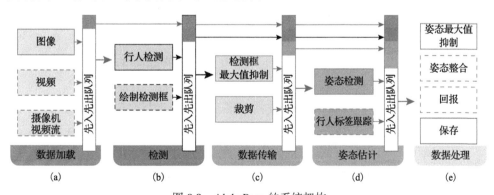

图 8.8　AlphaPose 的系统架构

除了检测图片中的人体骨架，AlphaPose 还集成了视频行人追踪功能，如图 8.9 所示，可用于生成视频中行人的骨架序列。AlphaPose 使用开源的行人重识别神经网络，如 OSNet、PoseFlow 等，来对每一帧的行人进行分类并分配标签，基本上能做到 10 fps 跟踪效果，为分析一段时间内行人的行为动作提供了技术支持。

图 8.9　AlphaPose 的行人追踪功能

图片拍摄于同济大学嘉定校区，2023 年 5 月 25 日，拍摄者：同济大学公共安全实验团队

8.4　MediaPipe

MediaPipe 是 Google 开发的一种跨平台、轻量级的机器学习解决方案，用于处理媒体数据，如视频、音频和图像。在 Google，一系列重要产品，如 YouTube、Google Lens、ARCore、Google Home 以及 Nest，都已深度整合了 MediaPipe。它提供了一系列开源工具和库，用于构建各种多媒体处理应用程序，包括姿势估计、手部追踪、面部检测、姿势识别等。

MediaPipe 库的主要特点包括以下几点。

（1）实时性能：提供高效的实时处理能力，适用于实时应用程序和流媒体处理，各种模型基本上可以做到实时运行且速度较快。

（2）跨平台支持和多语言支持：支持在多个平台上运行，包括 Android、iOS、Windows 和 Linux 等，支持 C++、Python、JavaScript、Coral 等主流编程语言。

（3）灵活性：可以根据需要自定义和扩展，适用于各种不同的应用场景。

（4）高质量的预训练模型：提供了一系列经过训练的模型，可以直接用于各种计算机视觉和音频处理任务。

MediaPipe 是一个用于构建机器学习管道的框架，可对任意的感知数据进行推理。利用 MediaPipe，可将感知管道构建为模块化组件图，包括模型推理、媒体处理算法和数据转换等。音频和视频流等感知数据进入图，物体定位和人脸标定等感知描述流出图。图8.10 为使用 MediaPipe 进行行人检测的流程图。无阴影方框代表 MediaPipe 图形中的计算节点(计算器)，有阴影方框代表图形的外部输入/输出，从节点顶部进入和从底部流出的线条分别代表输入流和输出流。某些节点左侧的端口表示输入端数据包。

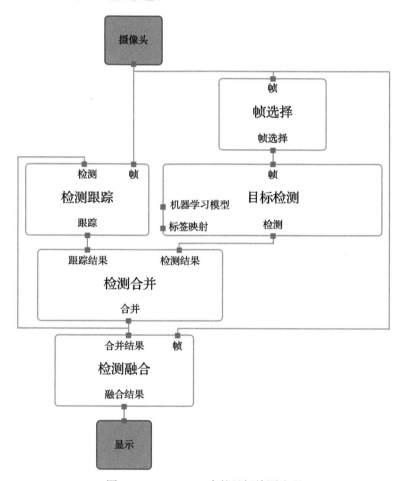

图 8.10　MediaPipe 中的目标检测流程

8.5　OpenMMLab

OpenMMLab 为香港中文大学-商汤科技联合实验室 MMLab 开源的算法平

台，在不到两年的时间内，已经包含众多 SOTA 计算机视觉算法。OpenMMLab 在 GitHub 上不是一个单独项目，除了有上万星标的目标检测库 MMDetection，还有其他方向的代码库和数据集，非常值得从事计算机视觉研发的朋友关注。2024 年 10 月，OpenMMLab 进行了密集更新，新增了多个库，官方称涉及超过 10 个研究方向（图 8.11），开放超过 100 种算法和 600 种预训练模型，目前 GitHub 总星标超过 1.7 万个，是计算机视觉方向系统性较强、社区活跃的开源平台。

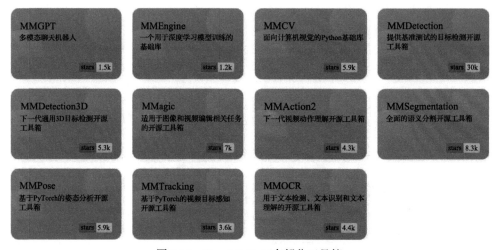

图 8.11　OpenMMLab 中部分工具箱

其中，MMPose 是一款基于 PyTorch 的姿态估计开源工具箱，是 OpenMMLab 项目的成员之一，包含了丰富的 2D 多人姿态估计、2D 手部姿态估计、2D 人脸关键点检测、133 关键点的全身人体姿态估计、动物关键点检测、服饰关键点检测（图 8.12）等算法以及相关的组件和模块，下面是它的整体框架。

MMPose 由八个主要部分组成，包括 apis、structures、datasets、codecs、models、engine、evaluation 和 visualization。

（1）apis 提供用于模型推理的高级 API（application program interface，应用程序接口）。

（2）structures 提供 bbox、keypoint 和 PoseDataSample 等数据结构。

（3）datasets 支持用于姿态估计的各种数据集。

（4）codecs 提供姿态编解码器：编码器用于将姿态信息（通常为关键点坐标）编码为模型学习目标（如热力图），解码器则用于将模型输出解码为姿态估计结果。

（5）models 以模块化结构提供了姿态估计模型的各类组件：pose_estimators 定义了所有姿态估计模型类；data_preprocessors 用于预处理模型的输入数据；

backbones 包含各种骨干网络；necks 包含各种模型颈部组件；heads 包含各种模型头部；losses 包含各种损失函数。

(6) engine 包含与姿态估计任务相关的运行时组件。

(7) evaluation 提供各种评估模型性能的指标。

(8) visualization 用于可视化关键点骨架和热力图等信息。

图 8.12　使用 MMPose 进行 2D 人体和手部姿态估计

8.6　Python

Python 是一种高级编程语言，由 Guido van Rossum（吉多·范罗苏姆）于 1991 年发布。它被设计成易读易写、清晰简洁的语法，同时也具有强大的功能，不论是在学术界还是工业界，都已取得广泛应用。在计算机视觉领域，Python 也有广泛的应用。Python 丰富的库和框架为计算机视觉的开发提供了很多便利。在图像处理和分析领域，Python 的 OpenCV 库是一个流行的图像处理库，可以用于图像分析、特征提取、对象检测、人脸识别等任务。在目标检测和图像分类等视觉领域，Python 的深度学习框架 TensorFlow、PyTorch 等可以用于训练深度神经网络，用于目标检测和图像分类任务。Python 在计算机视觉领域的应用非常广泛，其丰富的第三方库和框架可以帮助开发者快速地开发出高效准确的计算机视觉应用程序。

8.7　本 章 小 结

本章介绍了计算机视觉领域中一些重要的工具和库，主要包括 OpenCV、OpenPose、AlphaPose、MediaPipe、OpenMMLab 以及 Python，并介绍了它们在计算机视觉中的应用，展示了它们在人群行为识别和其他相关领域的应用及重要性。

第9章 异常行为计算机视觉检测程序设计

9.1 跌倒行为检测程序

行人跌倒行为检测程序以某办公楼一楼大厅拍摄和观察行人跌倒视频作为验证场景。摄像机位置为大门右侧,高度为 1.6 m,位置、场地长度信息和拍摄示意图分别如图 9.1(a)、图 9.1(b)所示。

(a) 行人跌倒视频拍摄场景

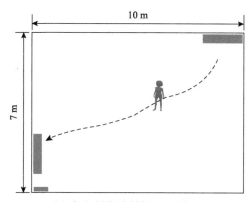

(b) 行人跌倒视频拍摄场景示意图

图 9.1 行人跌倒视频拍摄场景示意图

图片拍摄于同济大学嘉定校区,2023 年 3 月 17 日,拍摄者:同济大学公共安全实验团队

检测程序运行时,首先读取每一帧视频,其次从视频帧中提取 2D 人体骨骼关节点,由骨骼关节点计算运动质心,并绘制质心轨迹,最后计算行人的质心力、质

心高度比和轨迹偏角，若满足：质心高度比<0.5，质心力>T_l，轨迹偏角减小，则判定为跌倒行为，否则继续读取下一帧重复上述流程。其程序流程图如图 9.2 所示。

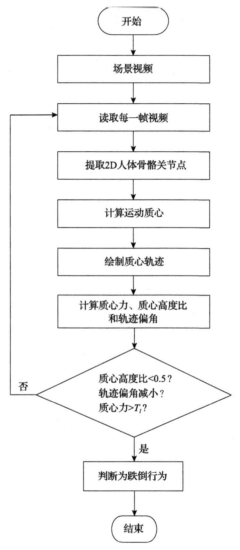

图 9.2　跌倒行为检测程序流程图

9.2　掉头行为检测程序

与本章 9.1 节中的跌倒行为检测程序类似，掉头行为检测以某办公楼为实验场景。基于第 4 章 4.5.2 节中的掉头行为识别模型可以构建掉头行为检测程序。首先，读取每一帧视频；其次，从视频帧中提取 2D 人体骨骼关节点，并基于人体姿态子节段求得运动质心，计算质心力，若第 t 帧的质心力变化率大于阈值 T_2，则在接下来的 a 帧中，计算相邻帧之间的两肩与速度方向的夹角 $\Delta\theta_{t+a}$，若 $\Delta\theta_{t+a}$ 大于 180°，则判定为掉头行为，其中 a 小于一个步行周期。程序流程图如图 9.3 所示。图 9.4 展示了行人掉头时骨架关节点的变化趋势。

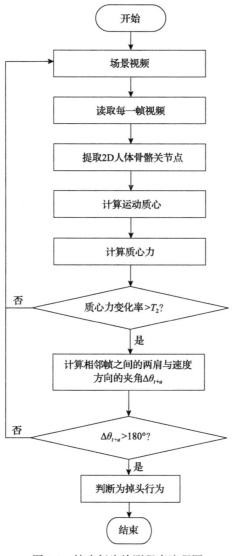

图 9.3　掉头行为检测程序流程图

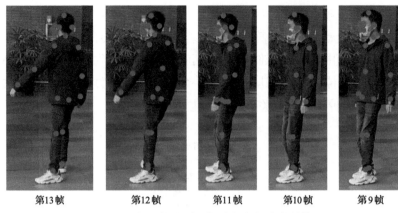

第13帧　　　　第12帧　　　　第11帧　　　　第10帧　　　　第9帧

图9.4　行人掉头时骨架关节点的变化趋势

9.3　加速奔跑检测程序

从人体姿态特征上看，行人加速奔跑行为与一般行走行为、插兜行走行为存在明显区别，主要体现在肘关节和膝关节的角度上，如图 9.5 所示，（一般行走、插兜行走、加速奔跑的姿态比较）。另外，应用第 4 章中提及的动力学质心模型和静态质心模型，可以发现，奔跑姿态下的动态质心要比静态质心更偏向于运动方向的前方。因此，本节中的加速奔跑检测程序流程图如图 9.6 所示。首先，采集

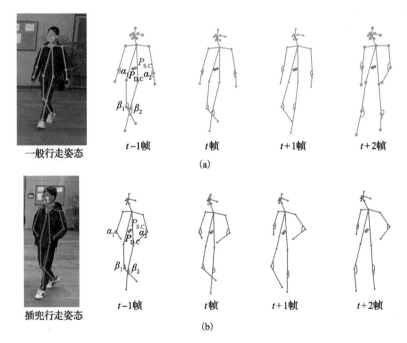

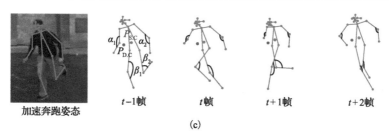

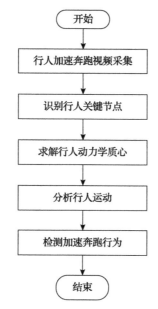

图 9.5　加速奔跑姿态与行走姿态连续帧静力学质心与动力学质心对比图
深色 $P_{D.C}$ 代表动力学质心，浅色 $P_{S.C}$ 代表静力学质心

图 9.6　加速奔跑行为检测程序流程图

行人加速奔跑视频，识别行人关键节点；其次，求解行人动力学质心并分析行人运动，进而检测加速奔跑行为。

9.4　跳跃行为检测程序

跳跃的种类有多种，如立定跳、单脚跳、双脚跳和纵跳等，为简化研究，本书中的检测程序主要指立定跳。立定跳的姿态通常表现为人先半蹲蹬地，接着身体抬离地面，腿部开始伸展，同时双臂会有不同程度的往后摆，以保持平衡，如图 9.7 中跳跃行为所示。由于跳跃动作的姿态特征较为复杂，本书的跳跃行为检测程序首先使用 AlphaPose 逐帧检测人体骨骼关键点，形成骨架序列，接着使用已训练的动作分类神经网络 MS-G3D（multi-scale graph 3D convolution，多尺度图三维卷积）对输入的骨架序列进行分类，从而识别出跳跃行为。上述流程如图 9.8 所示。图 9.9 展示跳跃行为识别结果。

图 9.7　跳跃行为示例

图片拍摄于同济大学嘉定校区，2023 年 4 月 17 日，拍摄者：同济大学公共安全实验团队

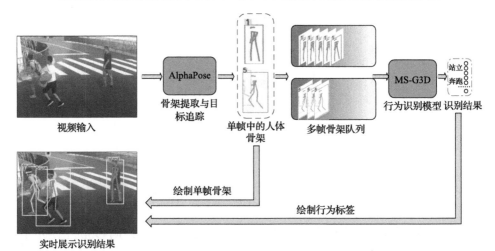

图 9.8　跳跃检测程序流程图

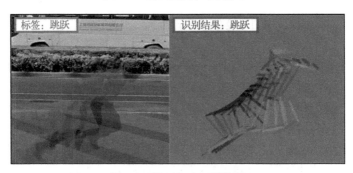

图 9.9　跳跃行为识别结果

9.5　骑行行为检测程序

　　骑行行为的姿态通常表现为人双手握在自行车把手上，双脚进行蹬踩的周期动作，如图 9.10 所示。本书的骑行行为检测程序流程与本章 9.4 小节中的跳跃行为检测程序类似，同样是使用了 AlphaPose 结合动作分类网络 MS-G3D 的技术路线。由于骑行行为具有明显的时空特征，因此该程序在跳跃行为上表现出了良好的识别效果，如图 9.11 所示。

图 9.10　骑行行为示例

图片拍摄于同济大学嘉定校区，2023 年 4 月 17 日，拍摄者：同济大学公共安全实验团队

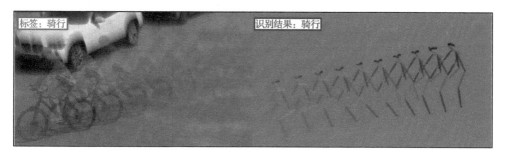

图 9.11　骑行行为识别结果

9.6　逆行行为检测程序

　　本书中的逆行行为检测程序采用基于光流特征的检测思路,程序流程图如图9.12

所示。首先，使用 L-K（Lucas-Kanade，卢卡斯–卡纳德）光流算法提取目标的角点作为特征点，进而得到光流场运动矢量。其次，判断特征点的运动方向并与正常运动方向对比，将运动方向相反的特征点视为异常特征点，由异常特征点的密集程度来反映逆行行为，当特征点密度大于阈值时判断为逆行行为，检测场景如图 9.13 所示，检测效果如图 9.14 所示。

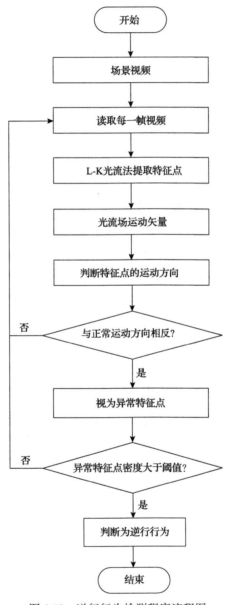

图 9.12　逆行行为检测程序流程图

图 9.13　校园场景内的行人前进场景

图片拍摄于同济大学嘉定校区，2023 年 4 月 17 日，拍摄者：同济大学公共安全实验团队

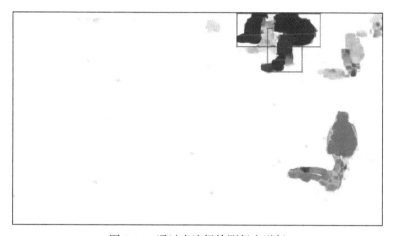

图 9.14　通过光流场检测行人逆行

9.7　人群拥挤检测程序

人群拥挤程度可通过计算场景内人群密度来衡量。本书中的人群拥挤检测程序首先检测图片中的行人并计数。在行人检测中，使用行人检测输出的 2D 检测框实现图片中行人的定位。其次由检测框计算每一个行人的中心坐标用于代表一个行人的坐标位置，并得到图片中人群离散密度图 $H(x)$ ，x 为行人的坐标。最后将图片划分为若干个区域，统计每一个区域的人数。当区域内人数大于预设定的阈值时，则判定该区域人群拥挤。程序伪代码如算法 1 所示。图 9.15 为拥挤人群的行人检测结果，图 9.16 为人群密度图。

算法 1 人群拥挤检测

      输入：当前图片帧 frame

      输出：人群拥挤区域 overcrowdArea

1.   定义行人人脸检测模型 detectorModel

2.   初始化 densityMap=Matrix（w, h）

3.   设定拥挤阈值 thres

4.   peopleInfo=detectorModel.detect（frame）

5.   *for* person in peopleInfo *do*

6.   //计算行人中心坐标

7.   x, y=（person['xmin']+person['xmax']）/2,（person['ymin']+person['ymax']）/2

8.   densityMap（x, y）+=1

9.   overcrowdArea= densityMap[densityMap>thres]

      return overcrowdArea

图 9.15 拥挤人群的行人检测结果

图片拍摄于上海虹桥火车站，2024 年 4 月 26 日，拍摄者：同济大学公共安全实验团队。

为保护公共场所行人隐私，上图已进行模糊化处理

图 9.16 人群密度图

为保护公共场所行人隐私，上图已进行模糊化处理

9.8　本　章　小　结

本章介绍了行人跌倒、掉头、加速奔跑、跳跃、骑行、逆行和人群拥挤等行为的检测程序。每个检测程序都基于不同的行为特征和算法流程进行设计和实现。这些检测程序通过不同的算法和技术实现了对不同行为的准确识别，为监控系统提供了重要的行为分析和安全预警功能。

第10章　人群行为分析工具与软件

10.1　PeTrack

为理解人群内部的动态，需要可靠的经验数据来提高行人的安全性和舒适度，并设计反映真实动态的模型。现有的数据库很小，有时不准确，而且矛盾很大。收集这些数据的手动程序非常耗时，并且通常不能提供足够的空间和时间准确性。

为此，于利希超级计算中心（Jülich Supercomputing Centre，JSC）研究开发了名为 PeTrack 的工具来自动从视频记录中准确地提取行人轨迹（图 10.1）。PeTrack 软件可以从录像中自动提取行人轨迹，所有行人的联合轨迹表征了人群任意时间及位置的速度、流量和密度等数据。使用这样的工具，可以分析大量人员参与的广泛实验系列。单独的代码通过每个参与者的静态信息（例如年龄、性别）实现个性化的轨迹。该程序需要处理广角镜头下高密度行人的情况，充分考虑了镜头畸变与透视图等因素。其功能涵盖校准、识别、跟踪以及高度检查等方面，并实现了多种不同类型的标记（例如，具有高度信息、头部方向、个体代码）。使用立体相机能够实现更精确的高度测量，并且可达成无标记跟踪效果。

图 10.1　PeTrack 软件提取人群运动轨迹图[156]

10.2　Pathfinder

Pathfinder[157]是一套由美国的 Thunderhead Engineering 公司研发的直观、易用的新型的智能人员紧急疏散逃生评估系统。它利用计算机图形仿真与游戏角色领域的技术，对多群体中的个体运动进行图形化虚拟演练，由此确定个体在灾难发生时的逃生路径与逃生时间。灾难应急疏散模拟分析软件 Pathfinder 是一套直观、易用的新型智能人员紧急疏散逃生评估系统。Pathfinder 是以人物为基础的模拟器，通过设定每个人员的参数(如人员数量、行走速度、间隔距离等)来模拟各人员在灾难条件下独特的逃生路径与时间，以及不同区域人员的疏散时间。该仿真软件可以定义：某区域的人员的密度、人员的最近距离、人员走路的速度、内部建模、CAD(computer aided design，计算机辅助设计)文件的导入、FDS(fire dynamics simulator，火灾动力学模拟)文件的导入，其建模功能如图 10.2、图 10.3 所示。

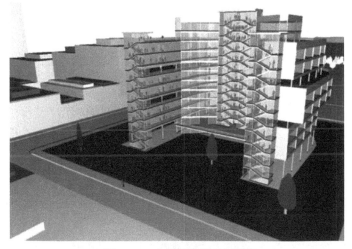

图 10.2　建筑物建模示例[157]

图 10.3　建筑物内部建模示例[157]

　　Pathfinder 在建筑防灾系统设计、灾难逃生科学研究、人员灾难疏散模拟训练等领域均有着良好的应用，例如图 10.4 展示了该软件进行人员灾难疏散模拟训练的状态。

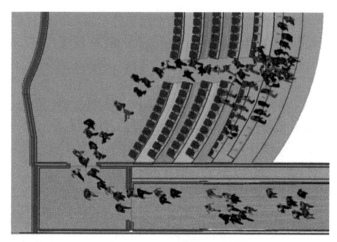

图 10.4　人群疏散模拟训练[157]

Pathfinder 的图形用户界面主要用于创建和运行仿真模型，其提供了高性能可视化的 3D 时间历程模拟，利用透明化功能更好地显示密集人群在楼层中的疏散情况，如图 10.5 所示。

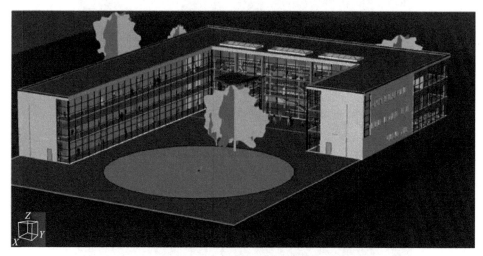

图 10.5　3D 时间历程模拟[157]

除了 3D 模拟视图，Pathfinder 还提供了 2D 时间关系曲线图的 CSV(comma-separated values，逗号分隔值)文件和记录楼层疏散时间和出入口流通率的文本文件。为了切合实际的建筑模型，Pathfinder 中用来模拟移动的环境是三维三角的网格模型。移动网格可以手动生成或通过导入数据来自动生成，例如导入 FDS 几何体。Pathfinder 内置两种预设的移动仿真模式。①在 Steering 模式中，房屋的门不限制人群的流动，人与人之间会保持合理的间距。②在 SFPE 模式中，人们并不会试图去避开对方，并且会拥挤，但是门会限制人群的流动，人员的流动是由空间中的人员密度控制的。

10.3　海康威视智能行为分析服务器

海康威视基于深度学习算法，结合用户实际应用场景，针对性地进行模型训练，并持续优化算法，以满足场景需求，显著提升了智能行为检测的精准性。在人员动态行为分析方面，该技术凭借行业实践与算法研发的结合，取得了显著的优势。智能行为分析服务器采用优化升级后的新一代深度学习算法，配备高密度 GPU(graphics processing unit，图形处理单元)架构，实现了周界防范检测、人群态势分析检测、街面快速奔跑、肢体冲突、人群聚集和人员倒地等异常行为检测和室内行为检测等功能[158]。

10.4　百度 PP-Human

PP-Human 集成了目标检测、目标跟踪、关键点检测和视频分类等核心功能，为用户省去了方案选型和模型搭建的复杂步骤，仅需一行命令即可实现快速推理，10 min 内即可扩展个性化模块(图 10.6)。

(a)　异常行为识别

(b)　人体属性分析　　　　　(c)　人流计数与轨迹绘制　　　　　(d)　跨境

图 10.6　PP-Human 行人分析[159]

PP-Human 基于真实业务场景数据进行了深入优化，具备出色的光线适应能力，能够在复杂背景下高效完成人体属性分析、异常行为检测(图 10.7)、进出人数统计与轨迹生成，以及跨镜跟踪等四大核心功能。此外，它支持单张图片、多路视频等多种数据输入形式，充分满足复杂产业场景的需求。同时，PP-Human 还为产业开发需求提供了全面的模型训练及功能扩展教程。

（a）抽烟

（b）打电话

（c）闯入

（d）打架

（e）摔倒

图 10.7　PP-Human 异常行为案例[159]

　　PP-Human v2 提供了针对上述五大核心技术的详细选型指南，帮助开发者快速完成方案设计(图 10.8)。这些技术方案不仅覆盖了 90%以上的常见行为识别场景，还可以轻松扩展至全新的动作类型(图 10.9)，为开发者提供更强的灵活性和适应性。

技术方案	方案说明	方案优势	方案劣势	适用场景
基于骨骼关键点（关键点+视频分类）	①检出单个人体②检测单个人体的关键点③基于关键点时序变化识别行为	• 定位识别全各人物动作• 鲁棒性、泛化性好	• 无法识别遮挡较多的交互动作• 无法识别涉及外观和场景信息的动作	【举例：健身】背景简单、遮挡较少、人数少于10人
基于人体ID分类（检测+图像分类）	①检出单个人体②对单个人体进行动作分类	• 可排除背景干扰• 方案简单，易于训练• 数据采集与标注成本低• 可结合跳帧策略大幅提速	• 无法识别连续性动作	【举例：打电话】对时序信息无依赖、动作可通过人或人+物的方式判断
基于人体ID检测（人体检测+物体检测）	①检出单个人体②检测目标物体，判断动作	• 方案简单，易于训练• 可解释性强• 数据采集与标注成本低• 可结合跳帧策略大幅提速	• 无法识别连续性动作对分辨率较敏感• 密集场景易产生动作误匹配	【举例：吸烟】行为与某特定目标强相关、目标较少
基于人体ID跟踪（人体检测+人体跟踪）	①检出单个人体②跟踪目标，判断闯入指定区域	• 方案简单，易于训练• 数据采集与标注成本低• 对密集遮挡有较强鲁棒性	• 无法识别人体自身动作	【举例：闯入】行为与轨迹、位置强相关，密集遮挡和快速运动场景
基于视频分类（视频分类）	直接对视频进行动作分类	• 不依赖检测及跟踪模型• 可处理多人协同的动作	• 无法定位到具体单个人体行为• 场景泛化能力较弱	【举例：打架】无需定位目标人物，涉及多人场景及对背景信息强依赖

图 10.8　PP-Human 涵盖的技术方案[159]

ID，即 identifier，标识符

示例：新增挥棍识别

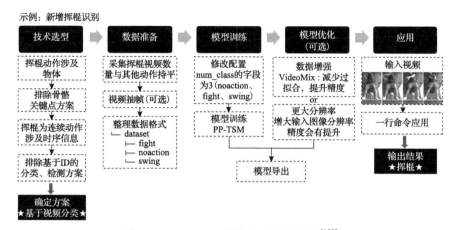

图 10.9　PP-Human 增加行为类别示例[159]

10.5　CrowdVision

　　CrowdVision 是一款人群视频分析软件，通过统一的用户界面提供视觉和 LiDAR(light detection and ranging，光探测与测距)解决方案。CrowdVision 于 2015 年左右首次开发，应沙特阿拉伯政府的要求，提供一种基于视频的自动行人分析解决方案，以帮助提高麦加朝觐期间的安全性。

　　CrowdVision 分析解决方案可以处理来自商用现成摄像机的实时视频输入，也可以处理实时 LiDAR 流，这两种技术都使用复杂的人工智能技术自动检测行人移动。CrowdVision 输出有关从流量、队列和等待时间到处理时间、占用率和资源利用率的所有实时数据。该软件实时分析行人运动，它对人进行计数并测量他们的速度和运动方向，如图 10.10 所示。CrowdVision 解决方案已取得长足发展，现已

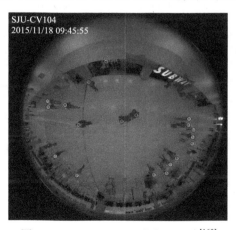

图 10.10　CrowdVision 的行人追踪[160]

广泛应用于机场、体育场馆、展览中心、交通枢纽和大型度假酒店。

10.6　商汤智能人群分析系统与产品

随着经济高速发展，城镇化进程的不断加深，人口的单点聚集度快速增长，对整个城市的公共安全管理及资源协调带来了巨大压力。近年来由公共场所大规模人群聚集而引发的危害性事件屡见不鲜。为应对传统系统人机结合，以人为主的低效响应、事后止损模式所带来的诸多现实挑战，商汤科技基于深度学习算法开发了 SenseCrowd 智能人群分析系统。SenseCrowd 智能人群分析系统通过视频流接入，提供针对人群的实时分析服务。支持人数统计、人员密度统计、安全级别统计、事件类型统计等功能；能自定义异常情况的标准，并在异常情况发生时进行报警提醒，帮助管理人员进行决策制定。

商汤还研发了 SenseNebula-AIE 商汤星云龙腾系列智能边缘节点，这是一款基于商汤自研算法和技术中台的软硬一体嵌入式产品，为 IPC (internet protocol camera，网络摄像机)、人像抓拍机、门禁机等各式前端设备提供接入能力，支持人脸、人体、车辆等多种算法融合解析，支持算法自由调度，具备数据边缘汇聚、边缘自治和云边协同的能力。为行业解决方案提供商、集成商、代理商提供适配多种场景的智能化产品和解决方案。

10.7　科达大模型一体机

着眼于大模型技术与安防行业实际应用场景，科达设计了面向未来的对策——大模型 KD-GPT。KD-GPT 包含了三类大模型，如图 10.11 所示，分别是 AIGC (artificial intelligence generated content，人工智能生成内容) 大模型、多模态大模型和行业大模

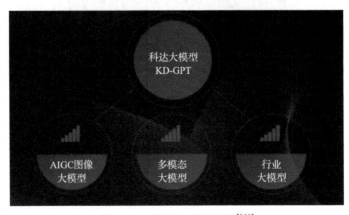

图 10.11　科达大模型内容[161]

型。科达多模态大模型的生成式、多任务、行业化的优点，将给安防行业的认知智能方向上的飞跃提供强有力的武器(图 10.12)。科达的行业大模型，采用了通用大模型加行业数据加训练调优的思路，使得这个大模型可以轻松解决原来构建行业知识图谱需要完成的若干任务，在做好知识推理和质量评估之后，行业大模型就可以完全替代行业知识图谱的功能。

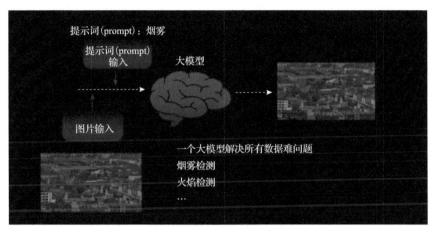

图 10.12　科达多模态大模型解决安防问题[161]

针对大模型的自然语言理解、视觉语言分析、事件检测，科达大模型一体机具有如下功能。

(1)行为事件、场景巡检：将以前小模型的行为事件检测迁移到大模型上进行事件分析。

(2)查找特定目标：过去的识别主要集中于人、车辆等有限目标，而物品相关的场景应用受制于成本，难以广泛应用。借助大模型的能力，可以用于寻找失踪人员或物品。随着大模型能力的进一步提升，未来可实现"视觉定位"，如识别相机中出现的地标性房屋或建筑物。

(3)图片分类：图侦用户将收集到的视频和图片资料进行整理，并根据人物、事件和物品等类别进行分类。

10.8　科达视频智能分析一体机

针对检察机关检察监督工作中的需求，科达设计开发了视频智能分析一体机用于建设检察机关视频智能分析系统。检察机关智能分析平台支持多种违规类型检测，包括单人审讯检测、超时羁押检测、讯问异常接触检测、嫌疑人独处检测、值班离岗检测、单人入监检测、玩手机/打电话检测、超时劳动检测、重点场所检测、进出检测、就医检测、授课检测等。用户可以在报警类型管理模块对各类智能算法进行管理。

　　系统提供对辖区内各机构、监控区域、监控点位的自动读取和手动管理。通过监所-点位的立体管理，当某个监控视频产生报警时，系统会直接在报警信息中标明报警产生的监室、监所单位等信息。系统默认对所有接入视频配置掉线检测、画面遮挡检测等通用算法。用户或管理员根据实际应用场景，可额外为视频源配置离岗检测、单人入监、玩手机、打电话、抽烟检测等智能算法，并可在视频画面中框选检测区域。

　　智能分析一体机服务器呈小型工作站外形，支持不同场所灵活摆放使用；拥有超强处理器、显卡、内存的顶级配置；上下级级联架构设计，多台工作站只需一个业务管理页面。智能分析一体机服务器支持以下功能。

　　(1) 支持图片中人员的结构化分析提取，支持离线导入图片进行分析。

　　(2) 支持视频中人员的结构化分析提取，支持接入实时视频码流进行分析，支持离线视频录像分析，功能可根据需要自由配置。

　　(3) 支持视频摘要分析，支持提取视频中人员目标，对提取到的目标进行分类。

　　(4) 支持提取视频中的人员、物体目标。

10.9　本 章 小 结

　　本章介绍了几种用于人群行为分析和安全管理的先进技术和系统。首先，讨论了 PeTrack 工具，该工具能够从视频记录中准确地提取行人轨迹，为研究人群内部动态提供了可靠的数据来源。其次，介绍了 Pathfinder 系统，它是一套智能人员紧急疏散逃生评估系统，利用计算机图形仿真技术进行多个群体中个体运动的图形化虚拟演练，以确定逃生路径和时间。再次，本章还介绍了海康威视智能行为分析服务器、百度 PP-Human、CrowdVision、商汤智能人群分析系统与产品和科达大模型一体机。海康威视智能行为分析服务器是另一个重要的系统，通过深度学习算法实时检测周界防范、人群态势分析、街面异常行为和室内行为等。百度 PP-Human 系统整合了目标检测、目标跟踪、关键点检测等功能，可以快速进行人群分析。CrowdVision 软件提供了视频和 LiDAR 解决方案，用于实时分析人群运动。商汤智能人群分析系统与产品和科达大模型一体机则利用深度学习算法实现了实时人群分析和异常行为检测。最后，介绍了科达视频智能分析一体机，它提供了多种智能算法，用于检测监控视频中的各种违规行为。这些技术和系统为安防领域提供了强大的工具，可以有效地提高公共安全管理和资源协调的效率。

第 11 章　其他辅助检测技术

11.1　穿戴式惯性传感器与人员定位

公共场所室内的人员定位多采用 Wi-Fi 或蜂窝网络等方式，这种定位方式对设备要求低，但容易受墙壁等障碍物的干扰而使得信号强度与接收源距离的关系不明确。基于惯性传感器的惯性导航能够独立地推算人员位置信息，而不会受到室内环境的干扰。通过将惯性测量单元(inertial measurement unit，IMU)系在脚背上，实时测量出人体在行走时的加速度和角速度信息；通过阈值判断和零速校正模型完成对行人步长、步频和方向的解算，绘制出行人的运动轨迹，进而用于分析人群行为。

由于人在行进过程中不能简单地被视为质点，惯性传感器采集的加速度与角速度数据不能完全等同于人的加速度与角速度。以将惯性传感器系在脚背上为例，如图 11.1 所示，人在行走过程中脚完全接触地面时，可以看作人相对于地面静止，这一状态称为"零速度区"。为了凸显脚部活动引起加速度信号的变化，需要去除重力加速度的影响。由于在行走过程中零速度区间方差的变化很微弱，基本观察不到波动的现象，但在迈态期方差具有很强的波动性。因此可以通过设定适当的阈值判断行人的行走状态是在迈步阶段还是在站立阶段。之后，轨迹估算主要包含两个步骤：①先对前进方向和侧向加速度进行积分得到速度，再对站立期和迈态期加速度进行修正；②对每次的迈态期间的两个方向的加速度进行积分，对每步的迈态期和站立期的速度进行积分，就得到了每步步长在前进方向的偏移量和侧向偏移量。

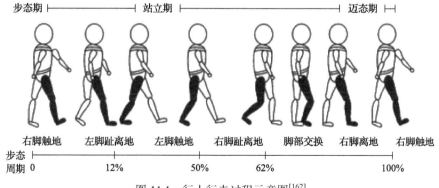

图 11.1　行人行走过程示意图[162]

11.2　智能手机 APP 加速度检测技术

11.2.1　智能手机加速度传感器原理

　　智能手机中的加速度传感器通常为电容式加速度传感器,用于检测手机 X、Y、Z 轴上的加速度[163],并用偏航(yaw)–俯仰(pitch)–滚转(roll)欧拉角表示, 如图 11.2 所示。其中, 电容式加速度传感器的结构原理如图 11.3 所示, 一个质量块固定在弹性梁的中间, 质量块的上端面是一个活动电极, 它与上固定电极组成一个电容器 C_1;质量块的下端面也是一个活动电极, 它与下固定电极组成另一个电容器 C_2。当被测物的振动导致与其固连的传感器基座振动时, 质量块将由于惯性而保持静止, 因此上、下固定电极与质量块之间将会产生相对位移。这使得电容器 C_1、C_2 的值一个变大, 另一个变小, 从而形成一个与加速度大小成正比的差动输出信号。

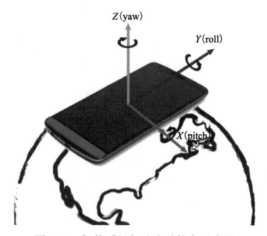

图 11.2　智能手机加速度欧拉角示意图

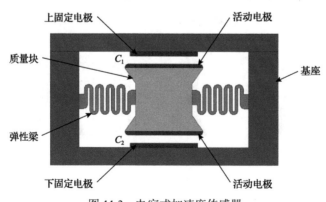

图 11.3　电容式加速度传感器

近年来，随着微机电系统(micro electromechanical system，MEMS)技术的发展，MEMS 传感器应运而生[164]。MEMS 是指可批量制作的，将微型机构、微型传感器、微型执行器以及信号处理和控制电路、直至接口、通信和电源等集成于一块或多块芯片上的微型器件或系统。而 MEMS 传感器就是采用微电子和微机械加工技术制造出来的新型传感器。利用这一微电子加工技术，可以提高电容式加速度传感器的集成度。如果将三个加速度传感器分别安装在三个相互垂直的方向，则可以测量三维方向的振动或者加速度。

11.2.2 智能手机加速度传感器在跌倒检测中的应用

人体跌倒往往伴随着失重、倾斜等状态。在失重倾斜的过程中，人体部分躯干的加速度、角速度和倾斜角度将明显区别于正常站立或正常行走姿态。因此，可分析人体跌倒过程中手机内置加速度传感器的数值变化，构建跌倒行为检测模型。

如图 11.4 所示，假设手机被放置在裤袋中，构建手机坐标系 $O\text{-}XYZ$。当人体与手机相对静止时，手机上的加速度传感器在 XYZ 方向上测量得到的加速度为 $(0,0,g)$。当人体跌倒时，手机发生旋转，设此时手机的坐标轴 $O\text{-}XYZ$ 分别绕 X、Y、Z 轴旋转 α、β、γ 角(这三个角可由手机内置的陀螺仪测量得到)，得到新坐标轴 $O\text{-}X_0Y_0Z_0$，两个坐标轴的关系为

$$\begin{bmatrix} X_0 \\ Y_0 \\ Z_0 \end{bmatrix} = \begin{bmatrix} \cos\gamma & 0 & \sin\gamma \\ 0 & 1 & 0 \\ \sin\gamma & 0 & -\cos\gamma \end{bmatrix} \begin{bmatrix} 1 & 0 & 0 \\ 0 & \cos\beta & \sin\beta \\ 0 & -\sin\beta & \cos\beta \end{bmatrix} \begin{bmatrix} \cos\alpha & \sin\alpha & 0 \\ -\sin\alpha & \cos\alpha & 0 \\ 0 & 0 & 1 \end{bmatrix} \begin{bmatrix} X \\ Y \\ Z \end{bmatrix} \tag{11.1}$$

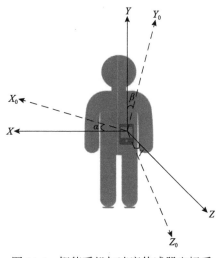

图 11.4 智能手机加速度传感器坐标系

此时，$O\text{-}X_0Y_0Z_0$ 上的重力分量为 (g_x, g_y, g_z)，其中，

$$g_x = -g \cos \beta \sin \gamma \tag{11.2}$$

$$g_y = g \sin \beta \tag{11.3}$$

$$g_z = g \cos \beta \cos \gamma \tag{11.4}$$

由上可得

$$g = \sqrt{g_x^2 + g_y^2 + g_z^2} \tag{11.5}$$

因此，当人体姿态发生变化时，重力加速度的矢量和不发生变化，不会影响加速度计算。另外，跌倒行为属于随机行为，仅根据某一轴的加速度变化不能判断跌倒行为，但可以通过加速度传感器测量得到的合加速度判断。合加速度为

$$a = \sqrt{a_x^2 + a_y^2 + a_z^2} \tag{11.6}$$

当人跌倒时，可使用阈值法对合加速度的大小进行判断从而检测跌倒行为，即当合加速度的大小超过阈值时，判断为跌倒行为。

11.2.3　智能手机传感器的应用现状

基于传感器的行人异常行为识别至今已有二十余年的研究历史，随着近些年计算机技术与无线传输技术的发展，传感器也具备了无线互联等新功能。相比于传统传感器，升级过后的无线传感器具备了更便捷、更灵活的特点，并且可以置入其他物品或设备中，进一步地拓展了功能。

在老年人健康保障领域，为了实现对跌倒等容易对身体造成危害的异常行为的识别。研究人员尝试将传感器置于穿戴式设备中，用于老年人日常护理或者长期性健康监控。但是穿戴式设备本身存在一定的不便性，对本身身体孱弱的老年人而言是额外的重量负担，并且内置的电池也存在需要定时充电的问题。此外，行人异常行为识别研究的应用也不仅仅局限于老年人健康保障领域，也有研究人员尝试将行人异常行为研究应用于公共安全领域。通过对公共场所内行人的异常行为进行识别，及时发现并处置各类异常事件，维持公共场所人群的整体稳定性，预防踩踏等事故发生。然而，在公共安全领域的行人异常行为识别相关研究中，使用穿戴式设备或无线传感器依旧存在一定的弊端，设备的推广以及设备的使用维护都是难以解决的问题。

21 世纪以来，智能手机已经逐渐成为人们日常生活中必不可少的一部分，人们在日常出行中均会将其随身携带。同时随着智能手机技术的不断完善，其内部搭载的功能也日益丰富。其中，就包含了能对行人异常行为识别提供帮助的速度

传感器、加速度传感器以及陀螺仪传感器，这些传感器能够快速获取行人的各种运动特征数据。并且基于智能手机的无线传输功能，可以将获取的传感器数据高效地传输到处理器中进行进一步的行为分析与识别。

目前在智能手机中，已经存在大量成熟的应用程序，可以帮助研究人员获取各种传感器的数据，并提供了可视化功能与数据传输功能。例如 Sensor Logger 与 phyphox 都是较为常用的应用程序。

Sensor Logger 是由 Kazumasa Wakamori（若森和正）开发的手机应用程序，可以在苹果商城与安卓商城等常见的手机应用商城中下载获取。其程序主界面如图 11.5 所示，整体简洁明了，主体部分包含两个可视化视图与一个开始/结束控制按键。在设置界面中，可以进一步根据实验需求，自定义需要获取的传感器数据与采样频率，如图 11.6 所示。

图 11.5　Sensor Logger 程序主界面

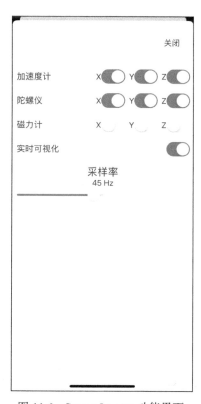

图 11.6　Sensor Logger 功能界面

在实验过程中，可以将手机贴合在实验志愿者身上，并启动传感器数据采集。随后要求实验志愿者完成各种指定行为，在完成后即可获取传感器数据在行为发生过程中的可视化变化曲线与具体读取数值的 CSV 文件。本节在实验过程中将下载了 Sensor Logger 应用程序的手机，贴身置于实验志愿者身上，要求志愿者按顺序完成均速行走、蹲下系鞋带、突发跌倒三种不同的动作。记录到的传感器数据可视化视图如图 11.7、图 11.8 和图 11.9 所示。

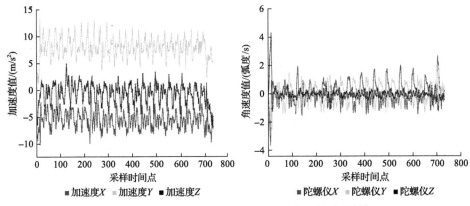

图 11.7　均速行走时 Sensor Logger 采集的传感器数据

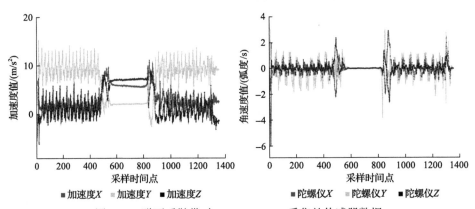

图 11.8　蹲下系鞋带时 Sensor Logger 采集的传感器数据

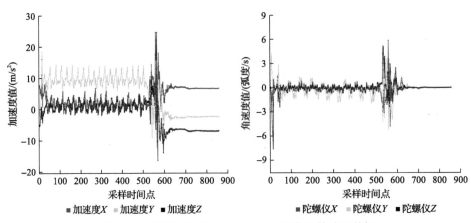

图 11.9　突发跌倒时 Sensor Logger 采集的传感器数据

在整个记录过程中，传感器数据会被记录在表格中并保存为.csv 格式文件。后续可通过无线传输等方式将记录文件传递到电脑中进一步处理分析。在跌倒行为发生的过程中，加速度传感器与陀螺仪传感器记录的 CSV 文件部分内容如图 11.10 所示。

	A	B	C	D	E	F	G
1	SamplingT	Acceleratic	Acceleratic	Acceleratic	GyroX	GyroY	GyroZ
2	1.7E+09	7.734768	-0.57461	-5.14394	-0.07933	0.064395	0.184823
3	1.7E+09	7.430106	-0.73607	-5.31633	-0.09543	0.143562	0.180049
4	1.7E+09	7.407061	-0.81328	-5.08543	-0.12142	0.284507	0.150087
5	1.7E+09	7.216573	-1.07081	-4.98039	-0.19607	0.518541	0.108209
6	1.7E+09	7.796568	-1.57838	-5.20215	-0.39185	0.919604	-0.05721
7	1.7E+09	6.762722	-1.02262	-5.01855	-0.77908	2.226035	-0.6006
8	1.7E+09	6.752247	-2.01472	-4.80546	-1.22871	3.533952	-1.40844
9	1.7E+09	5.312584	-0.6183	-4.02076	-1.32378	4.239271	-2.08933
10	1.7E+09	5.905897	-1.34674	-3.13326	-1.53236	3.089539	-2.80311
11	1.7E+09	6.633435	-0.83483	-2.37864	-1.22666	1.762539	-4.1061
12	1.7E+09	5.76419	0.493954	-2.06156	-0.8075	1.760283	-4.88081
13	1.7E+09	4.778527	1.77545	-1.53588	-0.35017	1.888398	-5.41567
14	1.7E+09	5.079748	3.749469	0.700753	-0.69078	0.872239	-5.71113
15	1.7E+09	4.766856	7.780706	0.384868	-1.49082	-0.12645	-6.50023
16	1.7E+09	3.715651	7.825448	-2.81947	-2.48463	-0.37101	-7.55266
17	1.7E+09	11.08351	8.950274	-2.92976	-2.76034	0.392628	-5.68086
18	1.7E+09	16.10864	18.43835	-0.64239	-2.45023	-0.94561	-2.1279
19	1.7E+09	7.041497	16.87284	-3.71954	-0.41012	-2.53278	0.97995
20	1.7E+09	1.689109	7.44058	-4.08421	-0.11746	-0.11061	0.61357
21	1.7E+09	0.87104	5.446958	-3.35667	-0.16855	1.164652	0.160041
22	1.7E+09	4.702661	7.585729	-1.76647	-0.25528	0.645848	0.302341
23	1.7E+09	5.102044	8.221539	-0.42766	-0.61999	-0.38907	0.167211

图 11.10　Sensor Logger 采集的传感器数据保存到 CSV 文件中

11.3　UWB 室内精确定位技术

11.3.1　UWB 技术

超宽带(ultra wide band，UWB)技术是一种无线载波通信技术，通过利用纳秒级的非正弦波窄脉冲信号实现数据传输，通过 TOF(time of flight，飞行时间)/TDOA(time difference of arrival，到达时间差)等技术，计算无线电波返回设备的时间，通过时间测算目标间的距离[165]。

1960 年，UWB 由 Harmuth、Ross(罗尔斯)和 Robbins(罗宾斯)等公司联合研究问世，随着 20 世纪 70 年代军方对于雷达技术的重点发展，UWB 技术得到了一定程度上的重视和应用，在 1989 年，美国国防部正式对 UWB 提出了规范的定义[166]。21 世纪初期，欧盟开始将 UWB 引用至民用领域行业标准。同期我国在国家高技术研究发展计划(863 计划)中设立相关专项,旨在完成 UWB 实验演示系统开发项目。2006 年,随着 863 计划启动的高速 UWB 实验演示系统的研发项目的顺利验收,我国也开始了对 UWB 技术的民用标准规范工作,并于 2008 年正式发布相关标准的规范化。

与传统的窄带系统相比,UWB 是一项拥有高精度与广阔应用市场前景的室内定位技术,符合现代企业对于员工管理的需求。UWB 定位技术在常规视距环境下定位精度能够达到厘米级,可以满足许多室内精确定位的需求。同时 UWB 信号稳定且具有良好的抗干扰性,其工作频段区间是 3—10 GHz,相比较其他通信信号,UWB 所处频段所受的干扰信号较少。UWB 还具有优秀的穿透能力和时域分辨率,可以很好地抵抗多径效应和非视距环境的干扰,使其可以在不同复杂环境中均能保持较好的定位效果。

通常 UWB 无线室内定位系统可以看作由三部分组成[167]:控制中心、定位基站,以及待测节点。控制中心的主要功能是接收定位基站转发的角度、时间、时间差、信号强度等数据并进行处理和整合。根据不同的测量参数,选择合适的定位机制将测量数据转化为给定坐标系的具体定位坐标,进而实现定位。定位基站又称已知节点,是 UWB 无线定位系统中的主要实践者,其集成了发射与接收信号的两种功能模块。待测节点通过 UWB 信号发射器,向已知节点发送信号,已知节点对信号进行简单处理后,将得到的定位信息转发给控制中心,在整合后最终得到定位坐标。在实际的应用过程中,当待测节点处于信号发射模式时,定位基站通过调用接收信号模块,使发射信号模块闲置,其接收从未知节点传输的定位相关信息并简单处理后转发给控制中心;当未知节点处于信号发射模式时,已知节点启用发射信号模块,发射 UWB 信号,经未知节点扩频反射后接收信号,再转发给控制中心。

UWB 技术目前有三种成熟的技术标准。第一种是提出时间最早、最广为人知的脉冲无线电(impulse radio UWB,IR-UWB)标准[165]。该标准也被称为脉冲超宽带,该标准信号收发由于不需要经过调制和解调,具有操作简单、功耗成本低、定位精度高等优点;但由于使用极窄的脉冲信号发射,使得该方法对频谱的使用率较低。

第二种是 Motorola(摩托罗拉)公司提出的直接序列 UWB(direct sequence UWB,DS-UWB)标准[166]。该标准为了增加对频谱的使用率,将 UWB 信号进行扩频;经过扩频处理后的信号由于缺失了窄带脉冲的特性,可以通过对信号进行调制和解调,选择更多的信道发射,在接收后经由解调还原出原信号。该标准使得 UWB 信号能够更为灵活地传输,但是整个操作流程的复杂度上升,扩频后的 UWB 信号安全性和传输效率下降。

第三种是 WiMedia 联盟提出的 MB-OFDM UWB(multi-band orthogonal frequency division multiplexing UWB，多频段正交频分复用 UWB)标准[166]。该标准将原频带通过时域频带编码进行划分，分割成多个子频带，最后在每个子频带上发送 UWB 正交频分复用信号。该标准同样提升了频带的利用率，但是前期处理流程降低了信号的传输能力和定位能力。

11.3.2 UWB 产品与应用

UWB 定位通过标签和被定位的目标进行关联[168]。典型的定位标签有挂式标签和腕带标签两种，两者主要是佩戴方式有差异，功能基本相似。挂式标签样例与功能如图 11.11 所示。

图 11.11 挂式标签样例与功能

(1)UWB 定位功能。

(2)短信通知和确认功能。

(3)计步/速度功能。

(4)主动告警。主动告警可以是遇到紧急情况，用户通过按下 SOS 按键进行告警，也可以是当用户长时间不动，心率超出正常指标范围等情况时，产品对系统发起主动告警，后台可以根据用户的位置，进行协助处理，避免带来进一步的风险。

(5)系统业务告警。比如佩戴标签的人进入了不允许进入的区域，这时候，系统可以下发告警，提醒离开，告警的方式有短信提醒、振动、蜂鸣等。

腕带标签支持的主要功能有如下几种。

(1)UWB 定位功能。

(2)短信通知和确认功能。

(3)计步/速度功能。

(4)心率感知。

(5)主动告警。主动告警可以是遇到紧急情况，用户通过按下 SOS 按键进行告警，也可以是当用户长时间不动，心率超出正常指标范围等情况时，产品对系统发起主动告警，后台可以根据用户的位置，进行协助处理，避免带来进一步的风险。

(6)系统业务告警。比如佩戴标签的人进入了不允许进入的区域，这时候，系统可以下发告警，提醒离开，告警的方式有短信提醒、振动或者蜂鸣等。

在大规模人群流动中，位置、速度、加速度和密度等信息的获取有助于控制人群流动，保障人群稳定，对可能存在的由拥挤导致的事故做提前引导、干预和防范。因此，通过行人佩戴的 UWB 标签，可以快速、准确地定位行人位置，回放行人行走轨迹，计算人群密度。通过引导人群运动，及时避免人群到达极限密度(如 7 人/m²)，从而保障人群流动稳定性。

11.4　柔性压力传感器及其应用

11.4.1　柔性压力传感器原理

柔性压力传感器作为一种新型的电子器件，将外界的压力信号转换成其他便于检测的物理信号，以测试绝对压力值或压力变化。柔性压力传感器在触觉感知、指纹识别、医疗监护、人机界面、物联网等领域有着广泛的应用前景。柔性压力传感器按照传感原理主要分为四种：电容型、电阻型、压电型、摩擦电型。

以压电型传感器为例，压电型传感器的工作原理是基于某些介质材料的压电效应。压电效应具有可逆性，它分为正压电效应和逆压电效应。正压电效应是指某些电介质在沿着一定方向上受到外力作用而变形时，它的内部就会产生极化现象，同时在它的两个表面上会产生极性相反的电荷，当施加的压力去掉后，它又重新恢复不带电的状态；当压力的作用方向改变时，它内部的极性也随着改变。逆压电效应是指在电介质的极化方向施加电场，这些电介质就会在一定方向上产生机械变形或机械压力，当施加的电场撤去时，这些机械变形或机械压力也随之消失的现象。

需要注意的是，压电型传感器不能用于静态测量，压电元件只有在交变力的作用下，电荷才能源源不断地产生，可以供给测量回路一定的电流，故只适用于动态测量。

11.4.2　柔性压力传感器在人体行为识别中的应用

利用具有压电效应的材料，如压电晶体(单晶体)材料、压电陶瓷(多晶半导体)和高分子压电材料，可制作各种可穿戴传感器，用于人体压力分布测量。在踩踏事件中，行人之间的碰撞是造成挤压和踩踏的主要原因之一。人体压力分布测量可用于研究单个行人运动过程中的微观动态以及两个行人之间的冲击力传递。如图 11.12 所示，冲击力可从覆盖在行人背部的柔性压力传感器中提取，进而在单个行人实验中，分析身体姿势和行为，如图 11.13 所示。

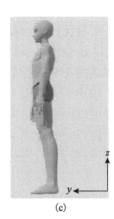

(a) (b) (c)

图 11.12 利用柔性压力传感器采集接触力[169]

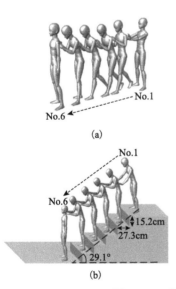

(a)
(b) (c)

图 11.13 利用柔性压力传感器采集推挤力[169]

11.5 本 章 小 结

本章首先介绍了穿戴式惯性传感器与人员定位以及智能手机APP加速度检测

技术。通过将惯性测量单元系在脚背上，可实时测量人体行走时的加速度和角速度信息，进而分析人群行为。在跌倒检测中，分析人体跌倒过程中加速度传感器的数值变化，构建跌倒行为检测模型。在传感器应用方面，穿戴式设备虽有不便，但已被广泛应用于老年人健康保障和公共安全领域。而智能手机则成为研究人员获取传感器数据的利器，通过应用程序如 Sensor Logger 和 phyphox，能够高效地获取、可视化传感器数据，并进行进一步的行为分析与识别。其次，本章详细介绍了 UWB 技术以及柔性压力传感器及其应用。在 UWB 产品与应用方面，通过行人佩戴的 UWB 标签，可以快速、准确地定位行人位置，监测人员行为并进行预警，应用于大规模人群流动的控制和安全保障。在人体行为识别中，柔性压力传感器可以用于测量人体压力分布，分析行人之间的碰撞和推挤力，从而研究行人运动过程中的微观动态。通过利用柔性压力传感器采集接触力和推挤力等数据，可以实现对行人行为的精准识别和分析。

第 12 章 应 用 案 例

12.1 办公楼行人异常行为识别

为了验证本书所提出的动力学质心模型和行为识别模型，实验小组设计了实验场景和案例，在同济大学嘉定校区智信馆办公楼一楼大厅，拍摄和观测行人从电梯口走向大门的运动全过程。摄像机位置为大门右侧，高度 1.5 m。摄像机可视范围内，横向长度约为 10 m，纵向长度约为 7 m，无其他障碍物，如图 12.1 所示。

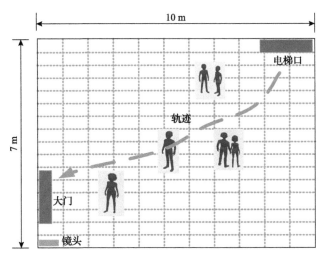

图 12.1 视频拍摄场景示意图

平面网格与实际地面瓷砖尺寸基本相同

步骤流程如图 12.2 所示，首先根据设定的视频场景进行拍摄，截取视频帧图像，提取频率为 $f=10$ fps，单帧分辨率为 1920×1080 像素，因此坐标轴也采用 1920×

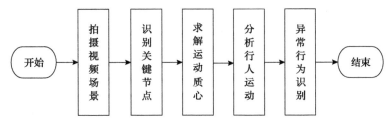

图 12.2 基于关键节点的行人运动分析流程图

1080 的数值，将坐标原点设定为图像左上角位置，横向为 x 轴，纵向为 y 轴；其次，识别人体 21 个骨骼关键点，用子节段法求解运动质心坐标，展示行人轨迹路线，利用加权法计算行人质心力，并对行人运动特征加以提取分析；最后，得到有效信息与特定场景下的异常行为识别。

12.2　行人跌倒行为实验与分析

选择跌倒行为场景，验证和讨论本书提出的行人动力学质心模型和异常行为识别模型。

1）质心轨迹

选取 30 帧的运动过程，行人跌倒行为的质心轨迹如图 12.3 所示。带星号的曲线表示运动质心，带圆点的曲线表示静态质心。

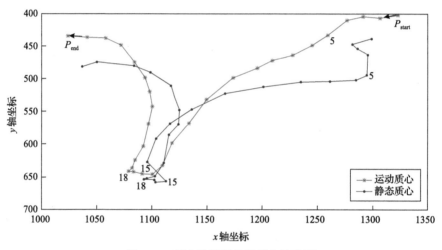

图 12.3　行人跌倒行为的质心轨迹图

整个跌倒的过程持续近 3 s 的时间，两条曲线都出现了质心高度的递减，第 15 帧至第 18 帧期间贴近地面，如图 12.4 所示。从图 12.3 中可以看出，静态质心的曲线非常抖动，受行人跌倒时的体态影响较大。首先，静态质心的 y 轴坐标在前 5 帧明显下降。其次，质心在 x 轴方向有一个前后移动的过程，难以理解，不能直观地显示整个行人跌倒状态。因此，动态质心曲线更符合实际，值得进一步讨论。

2）速度和力

拟合子节段质心法的轨迹曲线，展示每一点处的速度方向，如图 12.5 所示。计算质心力的数值和质心力的变化率，如图 12.6 所示，条形图表示质心力的大小，折线图表示质心力的变化率。有趣的是，由于整个跌倒过程人的形态瞬时变化较大，质心力数值与正常步行时有很大区别，图 12.6 中第 4 帧和第 14 帧的质心力均远远超过正常阈值 T_1 的 9.97×10^4。

(a) 第18帧　　　　　　　　　(b) 第15帧

图 12.4　行人起身与跌倒

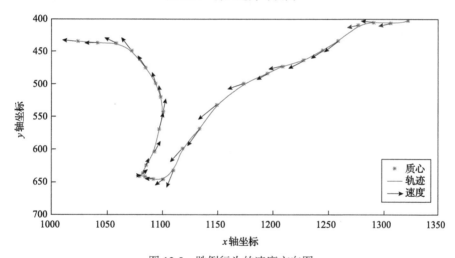

图 12.5　跌倒行为的速度方向图

3) 质心高度比和轨迹偏角

根据异常行为识别模型，首先计算运动质心高度比，如图 12.7 所示，从第 5 帧开始比例值逐渐减小，在第 13 帧时达到最小值，且小于 50%，远远低于参考值的 55%，说明该时刻行人已经跌倒至地面。

其次，计算质心轨迹偏角，如图 12.8 所示，从第 4 帧到第 15 帧，角度值均处于下降的区间，即运动质心处于持续下落的状态。可以理解为第 4 帧巨大的质心力铺垫了后续的跌倒行为，第 15 帧质心力高于阈值 T_1 是为起身作准备，正好印证了第 16 帧轨迹偏角的变化。

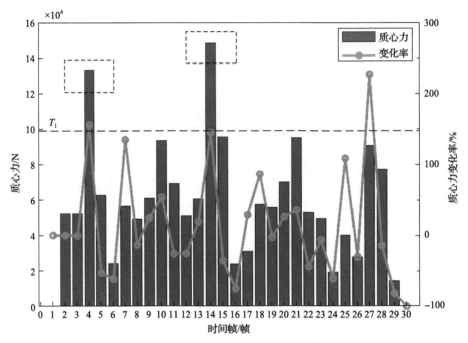

图 12.6 跌倒行为的质心力与其变化率

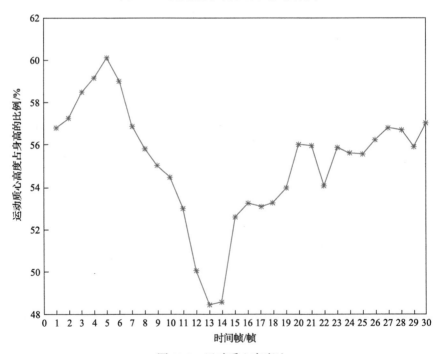

图 12.7 运动质心高度比

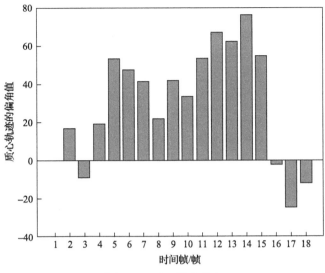

图 12.8 质心轨迹偏角

因此，在该特定场景下，静态质心的跌倒判定为第 16 帧，运动质心的跌倒判定为第 10 帧，提前了 6 帧(0.6 s)。

12.2.1 行人掉头行为实验与分析

选择掉头行为场景，验证和讨论提出的行人动力学质心模型和异常行为识别模型。

1)质心轨迹

选取 25 帧的运动过程，行人轨迹如图 12.9 所示，上方曲线表示运动质心，下方曲线表示静态质心。

分析图 12.9 的两条曲线，运动质心在第 9 帧至第 10 帧出现 x 轴方向位移的突然减缓，伴随着 y 轴高度的一定减小，可看作掉头行为的缓冲准备。而在矩形框质心法中，由于掉头过程中出现摆臂动作，静态质心的 x 轴坐标不会停止前移，在第 13 帧达到最大后才返回。图 12.10 展示了行人掉头过程。

2)速度和力

拟合子节段质心法的轨迹曲线，展示了每一点处的速度方向，如图 12.11 所示。

计算质心力的数值和质心力的变化率，如图 12.12 所示，条形图表示质心力的大小，折线图表示质心力的变化率。从图 12.12 可以发现在第 9 帧的时候，质心力变化率的数值突增得非常明显，远远超过了正常阈值 T_2(303%)。

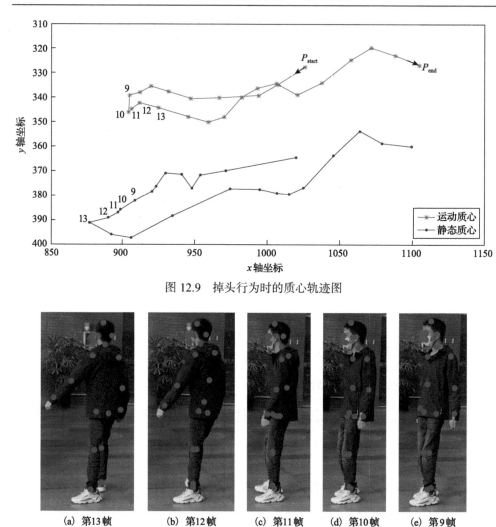

图 12.9　掉头行为时的质心轨迹图

| (a) 第13帧 | (b) 第12帧 | (c) 第11帧 | (d) 第10帧 | (e) 第9帧 |

图 12.10　行人掉头过程

3) 两肩与速度方向夹角

　　根据异常行为识别模型，计算两肩与速度方向夹角，如图 12.13 所示，该值在第 10、11、12 帧有一个很大的增加，并在第 11 帧发生反向，角度的变化值甚至超过 180°。可以理解为第 9 帧质心力变化率的突增引起了后续三帧的角度值改变。

　　因此，在该特定场景下，静态质心的掉头判定为第 14 帧，运动质心的掉头判定为第 11 帧，提前了 3 帧(0.3 s)。

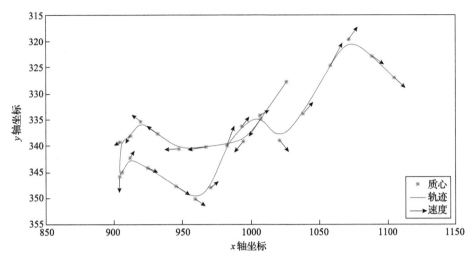

图 12.11　掉头行为的速度方向图

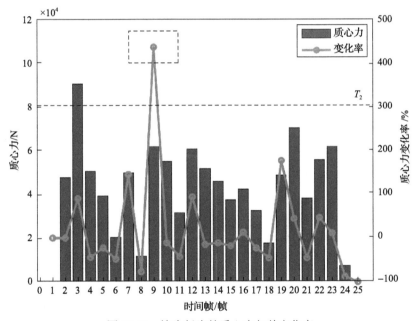

图 12.12　掉头行为的质心力与其变化率

12.2.2　结果讨论

1) 跌倒行为

重复 50 组跌倒行为实验，增大提取频率至 f=20 fps，仅分析从开始下落至跌在地上的运动过程，每组 40 帧，采用异常行为识别模型和传统模型两种方案，判定跌倒行为发生的视频帧时刻。第一，为直观展现模型对掉头行为的预测情况，采用提前量 Δt 来展现；第二，为证明模型的整体实验效果，采用标准差 STD（standard deviation）衡量，能够反映样本空间分布情况。

$$\Delta t_n = (t_{n,s} - t_{n,d}) \times \frac{1}{f} \tag{12.1}$$

$$\mathrm{STD} = \sqrt{\frac{1}{N-1} \sum_{n=1}^{N} \left(\Delta t_n - \overline{\Delta t} \right)^2} \tag{12.2}$$

式中，N 是实验次数；$t_{n,d}$ 是第 n 次实验判定的运动质心跌倒时刻；$t_{n,s}$ 是第 n 次实验判定的静态质心跌倒时刻。

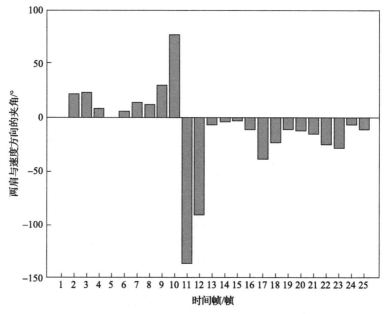

图 12.13　两肩与速度方向夹角

结果如图 12.14 所示，预测提前量均为正数，代表该模型确实能够预测行人的跌倒行为，最小提前量为 0.35 s。由表 12.1 可以看出，与掉头行为相比，一个人跌倒时的姿势更加复杂，关键节点的坐标分布更加多样化，因此标准差的值相对较大，为 0.1904 s。

表 12.1　跌倒行为提前量的结果分析（单位：s）

指标	最小值	最大值	均值	标准差
取值	0.35	0.75	0.5640	0.1904

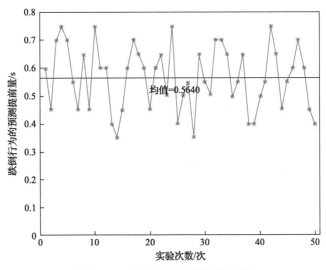

图 12.14 跌倒行为的预测提前量

2) 掉头行为

重复 50 组掉头行为实验,增大提取频率至 f=20 fps,仅分析掉头行为的部分,每组 30 帧,采用异常行为识别模型和传统模型两种方案,判定掉头行为发生的视频帧时刻。同理,也采用提前量 Δt 和标准差 STD 来展现模型的实验效果。

结果如图 12.15 所示,预测提前量均为正数,代表该模型能够预测行人的掉头行为。由表 12.2 可得,预测提前量的 STD 值为 0.1460 s,表示在该帧频率下,标准差在 3 帧以内,进而验证了模型的有效性。

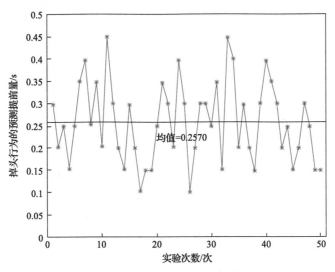

图 12.15 掉头行为的预测提前量

表 12.2 掉头行为提前量的结果分析（单位：s）

指标	最小值	最大值	均值	标准差
取值	0.1	0.45	0.2570	0.1460

12.3 虹桥火车站候车厅异常行为扰动与稳定性分析

为了实现人群流动稳定性特征演化分析，需要选择人群流动较为常见的场景展开研究，以便为公共场所的人群管理提供理论支持。上海虹桥火车站（Shanghai Hongqiao Railway Station）位于中国上海市闵行区，是华东地区重要的铁路客运枢纽之一，候车大厅面积约 11 340 m²，常年客流量巨大，最高可同时容纳 1 万人候车。由于人群稳定性属于高阶非线性问题，计算相对复杂，可划定较为合适的中小范围区域，提高问题分析的准确性。

由于候车厅检票口的行人运动方向较为一致，但是常常出现排队和拥挤推搡现象，因此以此场景为背景展开研究，图 12.16 展示了上海虹桥火车站候车厅检票口人群流动。

图 12.16 上海虹桥火车站候车厅检票口人群流动

拍摄位置 A23 检票入站口；拍摄时间：2019 年 6 月 9 日；拍摄人：同济公共安全实验团队

假设研究场景为 20 m×20 m 的矩形区域，当仿真步长 step=30，即时间 t=3.0 s 时，有行人发生跌倒，突发人群异常行为扰动，扰动位置为 (13,10)，人群运动方向表示为速度 v 的方向。设定人群初始密度 $\rho = 2$ p/m²，扰动初始量 $\xi_0 = 1.5$，扰动的传播如图 12.17、图 12.18 和图 12.19 所示。其中 Z 轴表示人群压力，同 4.4

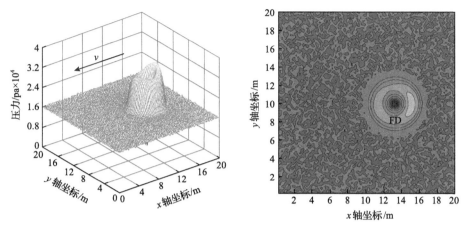

图 12.17 跌倒行为时的人群压力分布图 *t*=3.0 s

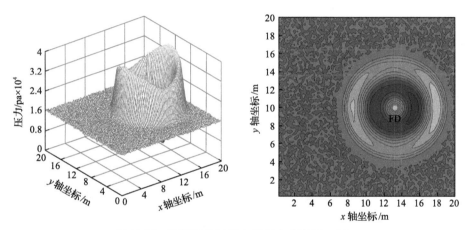

图 12.18 跌倒行为时的人群压力分布图 *t*=5.0 s

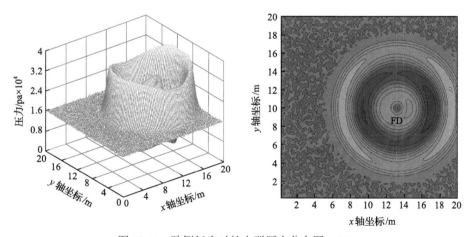

图 12.19 跌倒行为时的人群压力分布图 *t*=8.0 s

节中的定义，计算时加入±5%的波动量。图中 FD 表示行人跌倒扰动点。

从图 12.17 分析可得，当发生异常跌倒时，扰动点处的人群压力会骤减到接近零值，并且后方的压力明显大于前方压力。随着时间的推移，传播区域范围扩大，扰动点处的人群压力又以指数形式突增，如图 12.18 所示。最后，在经过一段时间之后，扰动传播呈现出波动状，压力值降低，扰动可能带来的危害度减少，如图 12.19 所示。

相同场景下，假设仿真步长 step=30，即时间 t=3.0 s 时，有行人发生掉头，突发人群异常行为扰动，扰动位置为(13,10)，人群运动方向表示为速度 v 的方向。设定人群初始密度 $\rho = 2$ 人/m^2，扰动初始量 $\xi_0 = 1.5$，扰动的传播如图 12.20、图 12.21 和图 12.22 所示。其中，z 轴表示人群压力，不考虑波动量。图中 TB(turn back) 表示行人掉头扰动点。

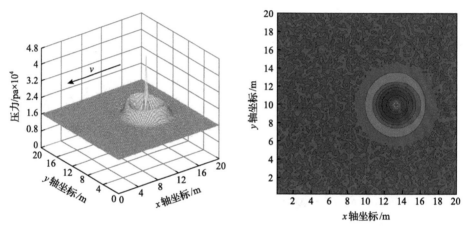

图 12.20　掉头行为时的人群压力分布图 t=3.0 s

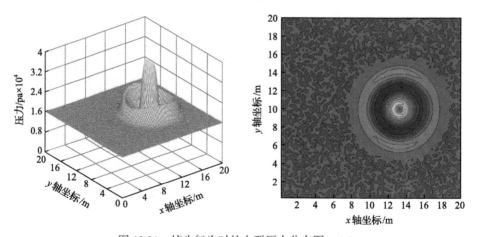

图 12.21　掉头行为时的人群压力分布图 t=4.5 s

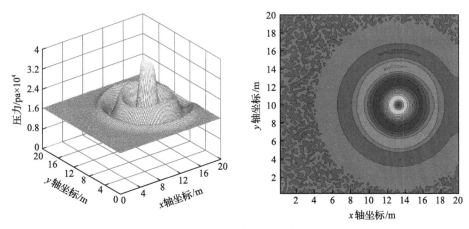

图 12.22 掉头行为时的人群压力分布图 $t=10.0$ s

从图 12.20 分析可得，当发生异常掉头时，扰动点处的人群压力会突增。随着时间的推移，传播区域范围扩大，扰动点处的人群压力持续增加，行人掉头使得周围人群向两侧避让，也会有一定的压力，如图 12.21 所示。最后，扰动传播也将呈现出波动状，并且随着时间的推移，掉头行为造成的压力前后差异将逐渐消失，趋近于对称的水滴状波动，如图 12.22 所示。

12.4 虹桥机场旅客出口异常行为扰动与稳定性分析

实验团队以虹桥机场行李区旅客出口为实验场景，如图 12.23 所示，方框区域为一个拐角，占地面积比较狭窄，行人可能在此驻足停滞，后面的人推搡后，

图 12.23 虹桥机场行李区旅客出口行人跌倒

拍摄位置：虹桥机场行李区右侧出口；拍摄时间：2019 年 6 月 10 日；拍摄人：同济公共安全实验团队

导致行人跌倒，从而造成短暂的拥堵，容易引发危险事件发生。

假设研究场景为 50 m×30 m 的矩形区域，L 形通道宽度为 15 m，仿真开始时人群从 x=0 左侧出来，向右走去，并在拐角处转向。假设当仿真步长 step=30，即时间 t=3.0 s 时，有行人发生跌倒，突发人群异常行为扰动，扰动位置为(40,15)。

此时人群的密度分布如图 12.24 所示，加速度临界稳定函数值如图 12.25 所示。由图 12.25 可知，异常行为发生处的人群密度值大于 3 人/m²，左侧进口处人群比较稀疏，密度值约为 1 人/m²；该扰动点的加速度临界稳定函数值接近 3 m/s²，大于 1.5 m/s²，人群存在不稳定性，需要及时提供疏导。另外，异常行为后方行人的临界稳定函数值明显大于前方行人，间接验证了 7.3.2 小节中扰动动力学特性。

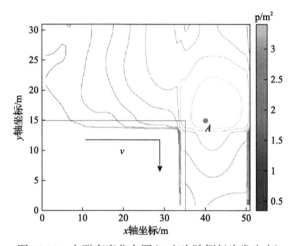

图 12.24　人群密度分布图(A 点为跌倒行为发生点)

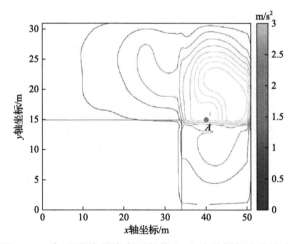

图 12.25　加速度临界稳定函数值(A 点为跌倒行为发生点)

异常行为发生时 $t=3$ s，图 12.26 和图 12.27 展示了异常行为发生后，加速度临界函数值随时间的变化规律，可知在异常行为发生后 5 s，加速度临界稳定函数值有明显的减小，即人群稳定性增强；在异常行为发生后 15 s，加速度临界稳定函数值基本处于 1.5 m/s² 以下，代表人群流动已经恢复正常。

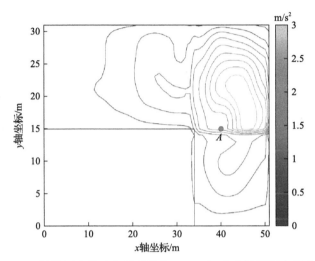

图 12.26 异常行为扰动临界函数值 $t=8.0$ s(A 点为跌倒行为发生点)

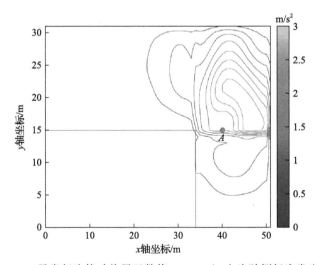

图 12.27 异常行为扰动临界函数值 $t=18.0$ s(A 点为跌倒行为发生点)

通过以上两个实验总结可得，异常行为扰动的压力传播符合波动理论，这与文献[170,171]所述一致，即人群中的干扰都会以波的形式传播。异常行为扰动具有各向异性，对人群稳定性的影响符合 Lyapunov 稳定性理论推导，可为人群管理疏导提供理论支持和决策支撑。

12.5　本 章 小 结

为了验证本书提出的动力学质心模型对姿态特征识别的有效性，本章以办公楼大厅为实际场景进行拍摄，选取掉头和跌倒这两类典型异常行为，挖掘行人异常姿态的动力学特性，通过多次行为观测实验验证异常行为识别模型的可行性。

为了验证本书提出的异常行为扰动与人群稳定性分析方法的可行性，本章以大型办公楼出口、上海虹桥火车站候车厅和虹桥机场旅客出口等为应用背景，选取候车厅检票口和行李区旅客出站口两个场景，设定人群密度和扰动压力，仿真展示异常行为扰动的压力传播和不稳定概率分布，设定人群流动过程，计算人群扰动临界函数值，对人群稳定性演化趋势进行分析和讨论。

第13章 总结与展望

13.1 总　　结

本书首先建立了基于人体姿态子节段的动力学质心模型、应用质心的动力学特征构建两类典型异常行为的判据。其次，将异常行为作为人群扰动，研究人群流动的演化特征并形成人流稳定性判断方法。最后，通过公共建筑物内人群流动场景实验和仿真，分析人群流动稳定性，得出的主要结论如下。

(1)本书分析了人群行为识别的国内外理论研究和技术现状，包括行人异常行为姿态的发展现状、人群异常行为识别的发展现状、恐慌行为的研究现状、计算机视觉检测技术的发展现状和人群稳定性的研究现状。目前国际公开的人群异常行为数据集为研究人群异常行为提供了数据基础。公共场所行人异常行为识别、动力学演化机理对于人群稳定性控制研究尤为重要。行人姿态识别可以有效地发现人群异常扰动前兆；人群动力学稳定性分析方法可以描述时滞性人群扰动机理。

(2)针对二维骨骼信息逐渐成为重要的姿态特征之一，本书提出了基于人体姿态子节段的动力学质心模型，识别人体骨骼结构关键节点，考虑人体各躯体节段质量非线性分布特征，充分利用骨骼信息建立具有动力学特性的质心模型，实现了对行人正常行走的轨迹追踪和步态特征的真实反应。针对现有异常行为的识别大多是通过单帧图像与事后判定，本书提出了异常跌倒行为和掉头行为识别模型，考虑人体节段关节约束和几何距离，构建动力学质心力矢量，设定多参数安全阈值，研究两肩与速度的夹角、质心轨迹偏角、质心高度比等动力学特征，动态地、连续地分析行人运动趋势，实现了对行人异常行为的预判。

(3)本书从行人姿态角度分析恐慌行为的运动学特征和动力学特征；采用频谱分析恐慌音频特征，通过统计学方法和推理网络模型完成恐慌语义建模，基于深度神经网络提取恐慌表情特征并识别恐慌表情，实现了基于轨迹-姿态-音频-语义-表情多维数据融合的恐慌行为识别模型。

(4)广义异常行为识别是目前的研究热点。在划分的人工设计、帧重构、帧预测、端对端的异常分数计算等四种行人异常行为识别方法中，人工设计法检测效率高、计算相对简单，但存在难以建模复杂人体行为特征、稳健性弱等问题。帧重构、帧预测、端对端的异常分数计算等方法充分发挥深度神经网络自动提取图像中高级特征的优势，能够检测出更多类型的异常行为，但不能识别具体的行为类别。

（5）由于针对人群异常行为扰动机理的研究较少，本书提出了基于随机过程布朗运动的异常行为扰动模型，聚焦行人跌倒和掉头等两类行为，考虑行人自身的质心力和行人间肢体级压力，根据阻尼运动理论，构建了异常行为的扰动消弭，有效地模拟人群扰动压力的分布。

（6）国际开源的视觉检测开发资源为人群行为分析提供了技术支持，通过综合应用这些开发资源和上述提出的异常行为识别方法，本书提供了跌倒、掉头、加速奔跑、跳跃、骑行、逆行和人群拥挤等异常行为的检测程序。另外，本书介绍了一些商用的人群行为分析软件与工具，有望应用于大型公共场所的人群管控与安保系统中。

（7）除视觉技术外，人群行为识别还可以借助其他辅助检测技术如穿戴式惯性传感器、智能手机 APP 加速度检测技术、UWB 室内精确定位技术、柔性压力传感器等。这些辅助检查技术能应用于视觉技术受限的情况，提高人群行为识别的稳健性。

（8）为验证各模型的有效性，本书以大型办公楼、高铁候车厅和机场旅客出口为场景，设定异常行为突发点，量化分析了异常行为扰动特征及其在人群流动中的传播特性，进一步印证了人群流动稳定性与人群密度、扰动持续时长和扰动中心位置的相关性，为人群流动安全管控提供理论支撑。

综上，本书围绕国家自然科学基金面上项目相关任务，以人群姿态特征识别和流动稳定性分析为主题，凝练科研工作，发表与本书研究相关的论文 12 篇，其中 SCI 收录 3 篇（SCI 一区 2 篇，二区 1 篇），EI（Engineering Index，工程索引）收录 9 篇，申请发明专利 4 件，申请并获得软件著作权 6 项，在公共安全领域公众保护方面，交流和分享了研究成果。表 13.1 是全书研究问题—贡献—研究亮点的总结。

表 13.1　全书研究问题—贡献—研究亮点总结

序号	现存问题	本书亮点	对应章节	研究结论/效果
1	1. 基于灰度值的二维质心模型不足：从光学的原理上调配颜色，并不能反映图像的形态特征 2. 基于关键点的三维质心模型不足：需要依靠额外传感器来获取数据，限制人的自由运动，深度图像处理复杂低效	1. 人体关键点由二维图像提取，识别速度快 2. 考虑人体各躯体节段质量非线性分布特征，由质心得到行人的步态特征，鲁棒性高	第 4 章 模型：基于人体姿态子节段的动力学质心模型	1. 动力学质心 x 分量不受行人大跨度影响，y 分量占人体身高的 55%左右，真实反映行人生理特征和轨迹信息 2. 可获得行人的步态信息，步行周期、步频、步速

续表

序号	现存问题	本书亮点	对应章节	研究结论/效果
2	目前,基于图像的异常行为识别:①大多基于单帧判定,无法动态分析行人运动趋势;②特征少,对异常事件无法做到预判	1. 针对跌倒行为,采用质心高度比、质心轨迹偏角、质心力变化率、步行周期等特征联合识别 2. 针对掉头行为,采用速度、两肩与速度方向夹角、质心力、步行周期等特征联合识别	第 4 章模型:异常行为识别模型	1. 能够预测跌倒行为,最小提前量为 0.35 s,标准差为 0.1904 s 2. 能够预测掉头行为,90%的提前量在 0.1 s 以上,标准差为 0.1460 s
3	1. 目前,缺乏对恐慌行为的研究,恐慌行为对公共环境和人群更具破坏力。同时,在拥挤环境中对每种行为进行标记的成本较高,无法保证标记能够覆盖全部异常行为 2. 此外,现有的恐慌行为识别模型具有场景局限性,注重恐慌行为的姿态研究而忽略恐慌行人的恐慌表情、尖叫声等的研究	基于轨迹-姿态-音频-语义-表情多维数据融合的恐慌行为识别模型	第 5 章模型:恐慌行为识别模型	通过真实的恐慌事件视频验证基于音频-表情-语义-姿态-轨迹多维数据融合的恐慌行为识别模型
4	1. 异常行为对人群流动的扰动特征和传播机制研究较少 2. 基于机器视觉和数理推算结合的人群稳定性分析方案缺乏	1. 分析行人肢体级压力特征,引入随机过程布朗运动,构建两类异常行为的动力学模型 2. 基于流体动力学 Aw-Rascle 模型,建立人群异常行为扰动传播动力学模型,研究扰动消弭	第 7 章模型:异常行为扰动模型	1. 异常行为扰动计算仿真时间为 3.75 s,比实际时间缩短了 81.76% 2. 人群临界稳定函数值与扰动持续时长、中心距离正相关,与人群密度负相关

13.2　展　　望

展望未来,科学研究任重道远,吾辈将上下而求索。顺应理论与技术发展趋势,建议广大同仁在本书基础上深入研究以下内容。

(1)本书基于人体姿态子节段建立动力学质心模型,其中的节段质量分布为符合大部分人体的标准,计划再细分到不同人群,如男性、女性或者老人、小孩等会有不同的步态特征,进一步逼近现实人群结构和姿态特征。

(2)基于图像识别和行人动力学的异常行为识别,受时间和篇幅所限,本书仅分析了行人跌倒和掉头两类典型异常行为,对于其他常见的异常行为(如突然加速、原地徘徊等），有待深入研究。

（3）本书对内部扰动的动力学建模及传播动力学建模都基于宏观场景，因此需要更大量的实验结果来验证模型的可靠性。另外，稳定性判据的推导结论处于理论和实验层面，在实际应用中，建议采用情景依赖的工程理念，利用视频图像数据，校正和优化稳定性判据。

（4）在多模态数据融合领域中，目前人群识别方法多数仅关注视觉特征，而融合 UWB 定位、惯性测量单元传感器、压敏电阻网络等多种技术是未来人群异常行为识别的重要趋势，这也将为人群安全预警提供系统性的支持。

参 考 文 献

[1] Sharma D, Bhondekar A P, Shukla A K, et al. A review on technological advancements in crowd management[J]. Journal of Ambient Intelligence and Humanized Computing, 2018, 9(3): 485-495.

[2] Balasundaram A, Chellappan C. An intelligent video analytics model for abnormal event detection in online surveillance video[J]. Journal of Real-Time Image Processing, 2020, 17(4): 915-930.

[3] Zhao R Y, Wang D, Wang Y, et al. Macroscopic view: crowd evacuation dynamics at T-shaped street junctions using a modified aw-rascle traffic flow model[J]. IEEE Transactions on Intelligent Transportation Systems, 2021, 22(10): 6612-6621.

[4] 上海外滩拥挤踩踏事件调查报告全文[EB/OL]. http://politics.people.com.cn/n/2015/0121/c1001-26424342. html[2015-01-21].

[5] 美媒: 沙特麦加朝圣踩踏事件致至少 1399 人死亡[EB/OL]. http://www.xinhuanet.com//world/2015-10/09/c_128299912. htm[2015-10-09].

[6] 洪都拉斯上千球迷硬闯球场 警方镇压引发踩踏[EB/OL]. http://news.ifeng.com/a/20170529/51180305_0.shtml# p=1[2017-05-29].

[7] 伊朗踩踏事件死亡人数升至 56 人[EB/OL]. https://baijiahao.baidu.com/s?id=1655106938509111832&wfr= spider&for=pc[2017-05-29].

[8] 美国休斯敦一音乐节踩踏事故致 8 死 23 伤[EB/OL]. https://baijiahao.baidu.com/s?id=1715725044224068370&wfr=spider&for=pc[2021-11-06].

[9] 印控克什米尔地区一寺庙发生踩踏事故致 12 死 20 伤[EB/OL]. https://www.chinacourt.org/article/detail/2022/01/id/6466407.shtml[2022-01-02].

[10] Bellomo N, Clarke D, Gibelli L, et al. Crowd dynamics and safety: reply to comments on "Human behaviours in evacuation crowd dynamics: from modelling to "big data" toward crisis management"[J]. Physics of Life Reviews, 2016, 18: 55-65.

[11] 胡正平, 张乐, 李淑芳, 等. 视频监控系统异常目标检测与定位综述[J]. 燕山大学学报, 2019, 43(1): 1-12.

[12] Xie S C, Zhang X H, Cai J. Video crowd detection and abnormal behavior model detection based on machine learning method[J]. Neural Computing and Applications, 2019, 31: 175-184.

[13] Liu J, Ding H H, Shahroudy A, et al. Feature boosting network for 3D pose estimation[J]. IEEE Transactions on Pattern Analysis and Machine Intelligence, 2020, 42(2): 494-501.

[14] Kamel A, Sheng B, Yang P, et al. Deep convolutional neural networks for human action recognition using depth maps and postures[J]. IEEE Transactions on Systems, Man, and Cybernetics: Systems, 2019, 49(9): 1806-1819.

[15] 张会珍, 刘云麟, 任伟建, 等. 人体行为识别特征提取方法综述[J]. 吉林大学学报(信息科学版), 2020, 38(3): 360-370.

[16] Almeida I, Jung C. Crowd flow estimation from calibrated cameras[J]. Machine Vision and Applications, 2020, 32(1).

[17] van Wouwe T, Ting L H, de Groote F. Interactions between initial posture and task-level goal explain experimental variability in postural responses to perturbations of standing balance[J]. Journal of Neurophysiology, 2021, 125(2): 586-598.

[18] Patruno C, Marani R, Cicirelli G, et al. People re-identification using skeleton standard posture and color descriptors from RGB-D data[J]. Pattern Recognition, 2019, 89: 77-90.

[19] Kuang Y Q, Guo M, Peng Y L, et al. Learner posture recognition via a fusing model based on improved SILTP and LDP[J]. Multimedia Tools and Applications, 2019, 78(21): 30443-30456.

[20] He D C, Li L. A novel deep learning method based on modified recurrent neural network for sports posture recognition[J]. Journal of Applied Science and Engineering, 2021, 24(1): 43-48.

[21] Jalal A, Akhtar I, Kim K. Human posture estimation and sustainable events classification via pseudo-2D stick model and K-ary tree hashing[J]. Sustainability, 2020, 12(23): 9814.

[22] Mosavi A, Shamshirband S, Salwana E, et al. Prediction of multi-inputs bubble column reactor using a novel hybrid model of computational fluid dynamics and machine learning[J]. Engineering Applications of Computational Fluid Mechanics, 2019, 13(1): 482-492.

[23] Li Y Y, Wang J X, Chen X. Can a toilet promote virus transmission?From a fluid dynamics perspective[J]. Physics of Fluids(Woodbury, N.Y.: 1994), 2020, 32(6): 065107.

[24] Miao Y, Song J X. Abnormal event detection based on SVM in video surveillance[C]//2014 IEEE Workshop on Advanced Research and Technology in Industry Applications(WARTIA). Ottawa: IEEE, 2014: 1379-1383.

[25] Hinami R, Mei T, Satoh S. Joint detection and recounting of abnormal events by learning deep generic knowledge[C]//2017 IEEE International Conference on Computer Vision(ICCV). Venice: IEEE, 2017: 3639-3647.

[26] Lu C W, Shi J P, Jia J Y. Abnormal event detection at 150 FPS in MATLAB[C]//2013 IEEE International Conference on Computer Vision. Sydney: IEEE, 2013: 2720-2727.

[27] Zhu X B, Liu J, Wang J Q, et al. Sparse representation for robust abnormality detection in crowded scenes[J]. Pattern Recognition, 2014, 47(5): 1791-1799.

[28] Chen Z Y, Tian Y H, Zeng W, et al. Detecting abnormal behaviors in surveillance videos based on fuzzy clustering and multiple Auto-Encoders[C]//2015 IEEE International Conference on Multimedia and Expo(ICME). Turin: IEEE, 2015: 1-6.

[29] Gu X X, Cui J R, Zhu Q. Abnormal crowd behavior detection by using the particle entropy[J]. Optic, 2014, 125(14): 3428-3433.

[30] Biswas S, Venkatesh Babu R. Anomaly detection via short local trajectories[J]. Neurocomputing, 2017, 242: 63-72.

[31] Nallaivarothayan H, Fookes C, Denman S, et al. An MRF based abnormal event detection approach using motion and appearance features[C]//2014 11th IEEE International Conference on Advanced Video and Signal Based Surveillance(AVSS). Seoul: IEEE, 2014: 343-348.

[32] Alvar M, Torsello A, Sanchez-Miralles A, et al. Abnormal behavior detection using dominant sets[J]. Machine Vision and Applications, 2014, 25(5): 1351-1368.

[33] Ren W Y, Li G H, Sun B L, et al. Unsupervised kernel learning for abnormal events detection[J]. The Visual Computer, 2015, 31(3): 245-255.

[34] Ravanbakhsh M, Nabi M, Sangineto E, et al. Abnormal event detection in videos using generative adversarial nets[C]//2017 IEEE International Conference on Image Processing(ICIP). Beijing: IEEE, 2017: 1577-1581.

[35] van Minh L, Adam C, Canal R, et al. Simulation of the emotion dynamics in a group of agents in an evacuation situation[C]//Desai N, Liu A, Winikoff M. Principles and Practice of Multi-Agent Systems. Heidelberg: Springer, 2012: 604-619.

[36] Lhommet M, Lourdeaux D, Barthès J P. Never alone in the crowd: a microscopic crowd model based on emotional contagion[C]//2011 IEEE/WIC/ACM International Conferences on Web Intelligence and Intelligent Agent Technology. Lyon: IEEE, 2011, 2: 89-92.

[37] Xu M L, Xie X Z, Lv P, et al. Crowd behavior simulation with emotional contagion in unexpected multihazard situations[J]. IEEE Transactions on Systems, Man, and Cybernetics: Systems, 2021: 1567-1581.

[38] 陈长坤, 王楠楠, 席冰花. 行李携带人员疏散元胞自动机模型研究[J]. 中国安全科学学报, 2014, 24(7): 3-9.

[39] 关文玲, 李树颖, 董呈杰. 紧急状况下人员恐慌动力学模型及仿真研究[J]. 安全与环境学报, 2021, 21(2): 746-751.

[40] 丁男哲, 刘婷婷, 刘箴, 等. 社会力模型中恐慌度概念的分析和改进[J]. 计算机应用, 2021, 41(8): 2460-2465.

[41] Kapur J N, Sahoo P K, Wong A K C. A new method for gray-level picture thresholding using the entropy of the histogram[J]. Computer Vision, Graphics, and Image Processing, 1985, 29(3): 273-285.

[42] Rainieri S, Pagliarini G. Data processing technique applied to the calibration of a high performance FPA infrared camera[J]. Infrared Physics & Technology, 2002, 43(6): 345-351.

[43] Long J, Shelhamer E, Darrell T. Fully convolutional networks for semantic segmentation[C]//2015 IEEE Conference on Computer Vision and Pattern Recognition(CVPR). Boston: IEEE, 2015: 3431-3440.

[44] Ronneberger O, Fischer P, Brox T. U-net: convolutional networks for biomedical image segmentation[C]//Navab N, Hornegger J, Wells W M, et al. Medical Image Computing and Computer-Assisted Intervention-MICCAI 2015. Cham: Springer, 2015: 234-241.

[45] Chen L C, Papandreou G, Kokkinos I, et al. DeepLab: semantic image segmentation with deep convolutional nets, atrous convolution, and fully connected CRFs[J]. IEEE Transactions on Pattern Analysis and Machine Intelligence, 2018, 40(4): 834-848.

[46] Strudel R, Garcia R, Laptev I, et al. Segmenter: transformer for semantic segmentation[C]//2021 IEEE/CVF International Conference on Computer Vision(ICCV). Montreal: IEEE, 2021: 7242-7252.

[47] Xie E Z, Wang W H, Yu Z D, et al. SegFormer: simple and efficient design for semantic segmentation with transformers[J]. Neural Information Processing Systems, 2021, 34.

[48] Ren S Q, He K M, Girshick R, et al. Faster R-CNN: towards real-time object detection with region proposal networks[J]. IEEE Transactions on Pattern Analysis and Machine Intelligence, 2017, 39(6): 1137-1149.

[49] Lin T Y, Goyal P, Girshick R, et al. Focal loss for dense object detection[C]//2017 IEEE International Conference on Computer Vision(ICCV). Venice: IEEE, 2017: 2999-3007.

[50] Law H, Deng J. CornerNet: detecting objects as paired keypoints[J]. International Journal of Computer Vision, 2020, 128(3): 642-656.

[51] Tian Z, Shen C H, Chen H, et al. FCOS: fully convolutional one-stage object detection[C]//2019 IEEE/CVF International Conference on Computer Vision(ICCV). Seoul: IEEE, 2019: 9626-9635.

[52] Henriques J F, Caseiro R, Martins P, et al. High-speed tracking with kernelized correlation filters[J]. IEEE Transactions on Pattern Analysis and Machine Intelligence, 2015, 37(3): 583-596.

[53] Jeong S, Kim G, Lee S. Effective visual tracking using multi-block and scale space based on kernelized correlation filters[J]. Sensors, 2017, 17(3): 433.

[54] Danelljan M, Häger G, Khan F S, et al. Convolutional features for correlation filter based visual tracking[C]//2015 IEEE International Conference on Computer Vision Workshop(ICCVW). Santiago: IEEE, 2015: 621-629.

[55] Danelljan M, Robinson A, Shahbaz Khan F, et al. Beyond correlation filters: learning continuous convolution operators for visual tracking[C]//Leibe B, Matas J, Sebe N, et al. Computer Vision-ECCV 2016. Cham: Springer, 2016: 472-488.

[56] Bertinetto L, Valmadre J, Henriques J F, et al. Fully-convolutional siamese networks for object tracking[C]//Hua G, Jégou H. Computer Vision-ECCV 2016 Workshops. Cham: Springer, 2016: 850-865.

[57] Li B, Yan J J, Wu W, et al. High performance visual tracking with Siamese Region proposal network[C]//2018 IEEE/CVF Conference on Computer Vision and Pattern Recognition. Salt Lake City: IEEE, 2018: 8971-8980.

[58] Zhu Z, Wang Q, Li B, et al. Distractor-aware siamese networks for visual object tracking[C]//Ferrari V, Hebert M, Sminchisescu C, et al. Computer Vision-ECCV 2018, Cham: Springer, 2018: 103-119.

[59] Wang N, Zhou W G, Wang J, et al. Transformer meets tracker: exploiting temporal context for robust visual tracking[C]//2021 IEEE/CVF Conference on Computer Vision and Pattern Recognition(CVPR). Nashville: IEEE, 2021: 1571-1580.

[60] Bhat G, Danelljan M, van Gool L, et al. Learning discriminative model prediction for tracking[C]//2019 IEEE/CVF International Conference on Computer Vision(ICCV). Seoul: IEEE, 2019: 6181-6190.

[61] Chen X, Yan B, Zhu J W, et al. Transformer tracking[C]//2021 IEEE/CVF Conference on Computer Vision and Pattern Recognition(CVPR). Nashville: IEEE, 2021: 8122-8131.

[62] Santos-Reyes J, Olmos-Peña S. Analysis of the 'news divine' stampede disaster[J]. Safety Science, 2017, 91: 11-23.

[63] Feng Y, Duives D, Daamen W, et al. Data collection methods for studying pedestrian behaviour: a systematic review[J]. Building and Environment, 2021, 187: 107329.

[64] Wadoo S A, Kachroo P. Feedback control of crowd evacuation in one dimension[J]. IEEE Transactions on Intelligent Transportation Systems, 2010, 11(1): 182-193.

[65] Qin W, Cui B T, Lou X Y. Feedback control design of crowd evacuation system based on the diffusion model[C]//2017 29th Chinese Control and Decision Conference(CCDC). Chongqing: IEEE, 2017: 2481-2486.

[66] Mukherjee S, Goswami D, Chatterjee S. A Lagrangian approach to modeling and analysis of a crowd dynamics[J]. IEEE Transactions on Systems, Man, and Cybernetics: Systems, 2015, 45(6): 865-876.

[67] Zhao R Y, Liu Q, Hu Q S, et al. Lyapunov-based crowd stability analysis for asymmetric pedestrian merging layout at T-shaped street junction[J]. IEEE Transactions on Intelligent Transportation Systems, 2021, 22(11): 6833-6842.

[68] Varadarajan J, Odobez J M. Topic models for scene analysis and abnormality detection[C]//2009 IEEE 12th International Conference on Computer Vision Workshops, ICCV Workshops. Kyoto: IEEE, 2009: 1338-1345.

[69] Zhao R Y, Dong D H, Wang Y, et al. Image-based crowd stability analysis using improved multi-column convolutional neural network[J]. IEEE Transactions on Intelligent Transportation Systems, 2022, 23(6): 5480-5489.

[70] 萧力华. 智能视频监控系统分析与设计[J]. 企业技术开发, 2016, 35 (21)：64-65.

[71] 胡洋. 基于计算机视觉的人体运动检测与姿态识别的算法研究[D]. 天津：河北工业大学.

[72] Dhiman C, Vishwakarma D K. A review of state-of-the-art techniques for abnormal human activity recognition[J]. Engineering Applications of Artificial Intelligence, 2019, 77: 21-45.

[73] 张晓平, 纪佳慧, 王力, 等. 基于视频的人体异常行为识别与检测方法综述[J]. 控制与决策, 2022, 37 (1)：14-27.

[74] 付路瑶. 场景约束下的视频数据人体异常行为识别研究[D]. 南京：南京师范大学, 2015.

[75] 欧阳惠卿, 舒文华, 李行, 等. 基于双目深度图像的自动扶梯乘客危险行为识别与预警系统[J]. 中国电梯, 2020, 31 (14)：36-39, 42.

[76] Hendryli J, Fanany M I. Classifying abnormal activities in exam using multi-class Markov chain LDA based on MODEC features[C]// 2016 4th International Conference on Information and Communication Technology (ICoICT). Bandung: IEEE, 2016: 1-6.

[77] Zhang H B, Zhang Y X, Zhong B N, et al. A comprehensive survey of vision-based human action recognition methods[J]. Sensors, 2019, 19 (5)：1005.

[78] Zhao R Y, Liu Q, Wang Y, et al. Dynamic crowd accident-risk assessment based on internal energy and information entropy for large-scale crowd flow considering COVID-19 epidemic[J]. IEEE Transactions on Intelligent Transportation Systems, 2022, 23 (10)：17466-17478.

[79] Zhao R Y, Wang Y, Jia P, et al. Abnormal human behavior recognition based on image processing technology[C]//2021 IEEE 5th Advanced Information Technology, Electronic and Automation Control Conference (IAEAC). Chongqing: IEEE, 2021: 1924-1928.

[80] Smith S M. ASSET-2: real-time motion segmentation and object tracking[J]. Real-Time Imaging, 1998, 4 (1)：21-40.

[81] Magee D R. Tracking multiple vehicles using foreground, background and motion models[J]. Image and Vision Computing, 2004, 22 (2)：143-155.

[82] 秦英瑜. 家庭监控系统中人体异常姿态的识别算法研究[D]. 西安：西安电子科技大学, 2017.

[83] OpenMMLab YOLO series toolbox and benchmark[EB/OL]. https://github.com/ open-mmlab/mmyolo[2024-12-10].

[84] Redmon J, Farhadi A. YOLOv3: an incremental improvement[EB/OL]. https://arxiv.org/abs/1804.02767v1[2024-12-10].

[85] He H S, Li Y, Tan J D. Relative motion estimation using visual-inertial optical flow[J]. Autonomous Robots, 2018, 42 (3)：615-629.

[86] Bobick A F, Davis J W. The recognition of human movement using temporal templates[J]. IEEE Transactions on Pattern Analysis and Machine Intelligence, 2001, 23 (3)：257-267.

[87] 胡芝兰, 江帆, 王贵锦, 等. 基于运动方向的异常行为检测[J]. 自动化学报, 2008, 34 (11)：

1348-1357.

[88] Li W X, Mahadevan V, Vasconcelos N. Anomaly detection and localization in crowded scenes[J]. IEEE Transactions on Pattern Analysis and Machine Intelligence, 2014, 36(1): 18-32.

[89] Wang Q, Ma Q, Luo C H, et al. Hybrid histogram of oriented optical flow for abnormal behavior detection in crowd scenes[J]. International Journal of Pattern Recognition and Artificial Intelligence, 2016, 30(2): 1655007.

[90] Junejo I N. Using dynamic Bayesian network for scene modeling and anomaly detection[J]. Signal, Image and Video Processing, 2010, 4(1): 1-10.

[91] Jiang F, Yuan J S, Tsaftaris S A, et al. Anomalous video event detection using spatiotemporal context[J]. Computer Vision and Image Understanding, 2011, 115(3): 323-333.

[92] Mo X, Monga V, Bala R, et al. Adaptive sparse representations for video anomaly detection[J]. IEEE Transactions on Circuits and Systems for Video Technology, 2014, 24(4): 631-645.

[93] Kang K, Liu W B, Xing W W. Motion pattern study and analysis from video monitoring trajectory[J]. IEICE Transactions on Information and Systems, 2014, E97.D(6): 1574-1582.

[94] Zhao R Y, Wei B Y, Zhu W J, et al. Experiment design for skeleton-based pedestrian abnormal-behavior recognition[C]//Third International Conference on Artificial Intelligence, Virtual Reality, and Visualization(AIVRV 2023). Chongqing: SPIE, 2023.

[95] Fujiyoshi H, Lipton A J, Kanade T. Real-time human motion analysis by image skeletonization[J]. IEICE Transactions on Information and Systems, 2004, E87.D(1): 113-120.

[96] Fang H S, Xie S Q, Tai Y W, et al. RMPE: regional multi-person pose estimation[C]//2017 IEEE International Conference on Computer Vision(ICCV). Venice: IEEE, 2017: 2353-2362.

[97] Cao Z, Simon T, Wei S H, et al. Realtime multi-person 2d pose estimation using part affinity fields[C]//2017 IEEE Conference on Computer Vision and Pattern Recognition(CVPR). Honolulu: IEEE, 2017: 1302-1310.

[98] Fang H S, Li J F, Tang H Y, et al. AlphaPose: whole-body regional multi-person pose estimation and tracking in real-time[J]. IEEE Transactions on Pattern Analysis and Machine Intelligence, 2023, 45(6): 7157-7173.

[99] Munea T L, Jembre Y Z, Weldegebriel H T, et al. The progress of human pose estimation: a survey and taxonomy of models applied in 2D human pose estimation[J]. IEEE Access, 2020, 8: 133330-133348.

[100] Pavlakos G, Zhou X W, Derpanis K G, et al. Coarse-to-fine volumetric prediction for single-image 3D human pose[C]//2017 IEEE Conference on Computer Vision and Pattern Recognition(CVPR). Honolulu: IEEE, 2017: 1263-1272.

[101] Martinez J, Hossain R, Romero J, et al. A simple yet effective baseline for 3d human pose estimation[C]//2017 IEEE International Conference on Computer Vision(ICCV). Venice:

IEEE, 2017: 2659-2668.

[102] Dong J T, Fang Q, Jiang W, et al. Fast and robust multi-person 3D pose estimation and tracking from multiple views[J]. IEEE Transactions on Pattern Analysis and Machine Intelligence, 2022, 44(10): 6981-6992.

[103] Zhang J R, Zhang D Y, Yang H, et al. MVPose: realtime multi-person pose estimation using motion vector on mobile devices[J]. IEEE Transactions on Mobile Computing, 2023, 22(6): 3508-3524.

[104] 朱业安, 徐唯祎, 王睿, 等. 偏瘫步态障碍的自动识别和分析[J]. 生物医学工程学杂志, 2019, 36(2): 306-314.

[105] 王妍. 基于视频的群体姿态特征识别与人群流动稳定性分析[D]. 上海: 同济大学, 2022.

[106] 夏梁. 基于视觉的运动目标检测与姿态识别算法研究[D]. 西安: 西安建筑科技大学, 2014.

[107] 使用 Python+OpenCV+yolov5 实现行人目标检测[EB/OL]. https://blog.51cto.com/u_15279692/2943165[2021-06-24].

[108] Xiao Y Q, Zhou K, Cui G Z, et al. Deep learning for occluded and multi-scale pedestrian detection: a review[J]. IET Image Processing, 2020, 15(2): 286-301.

[109] 张宁. 基于图像识别的玻璃量器自动检定装置控制系统的开发[D]. 太原: 太原理工大学, 2019.

[110] 朱业安. 基于数字人体运动模型的智能步态康复评估研究[D]. 南昌: 华东交通大学, 2020.

[111] Õunpuu S, Gorton G, Bagley A, et al. Variation in kinematic and spatiotemporal gait parameters by Gross Motor Function Classification System level in children and adolescents with cerebral palsy[J]. Developmental Medicine and Child Neurology, 2015, 57(10): 955-962.

[112] 苏江毅, 宋晓宁, 吴小俊, 等. 多模态轻量级图卷积人体骨架行为识别方法[J]. 计算机科学与探索, 2021, 15(4): 733-742.

[113] Zhang H, Ouyang H, Liu S, et al. Human pose estimation with spatial contextual information [EB/OL]. https://arxiv.org/abs/1901.01760v1[2024-12-10].

[114] Okkalidis N, Camilleri K P, GATT A, et al. A review of foot pose and trajectory estimation methods using inertial and auxiliary sensors for kinematic gait analysis[J]. Biomedical Engineering/Biomedizinische Technik , 2020, 65(6): 653-671.

[115] 王浩伦, 朱业安, 徐唯祎, 等. 步态识别特征的提取和重要性排序[J]. 中国医学物理学杂志, 2019, 36(7): 811-817.

[116] 肖惠, 滑东红, 郑秀瑗. 中国成年人人体质心的研究[J]. 人类工效学, 1998, 4(3): 5-8, 10-12, 71.

[117] Liu W Z, Lis K, Salzmann M, et al. Geometric and physical constraints for drone-based head

plane crowd density estimation[EB/OL]. https://arxiv.org/abs/1803.08805v3[2024-12-10].

[118] Dollár P, Wojek C, Schiele B, et al. Pedestrian detection: an evaluation of the state of the art[J]. IEEE Transactions on Pattern Analysis and Machine Intelligence, 2012, 34(4): 743-761.

[119] Li W X, Mahadevan V, Vasconcelos N. Anomaly detection and localization in crowded scenes[J]. IEEE Transactions on Pattern Analysis and Machine Intelligence, 2014, 36(1): 18-32.

[120] Guo S Q, Bai Q L, Gao S, et al. An analysis method of crowd abnormal behavior for video service robot[J]. IEEE Access, 2019, 7: 169577-169585.

[121] Kratz L, Nishino K. Anomaly detection in extremely crowded scenes using spatio-temporal motion pattern models[C]//2009 IEEE Conference on Computer Vision and Pattern Recognition. Miami: IEEE, 2009: 1446-1453.

[122] Chandrakala S, Deepak K, Vignesh L K P. Bag-of-Event-Models based embeddings for detecting anomalies in surveillance videos[J]. Expert Systems with Applications, 2022, 190: 116168.

[123] Manosha Chathuramali K G, Ramasinghe S, RODRIGO R. Abnormal activity recognition using spatio-temporal features[C]//7th International Conference on Information and Automation for Sustainability. Colombo: IEEE, 2014: 1-5.

[124] Cong Y, Yuan J S, Liu J. Sparse reconstruction cost for abnormal event detection[C]//CVPR 2011. Colorado Springs: IEEE, 2011: 3449-3456.

[125] Li C, Han Z J, Ye Q X, et al. Visual abnormal behavior detection based on trajectory sparse reconstruction analysis[J]. Neurocomputing, 2013, 119: 94-100.

[126] Roshtkhari M J, Levine M D. Online dominant and anomalous behavior detection in videos[C]//2013 IEEE Conference on Computer Vision and Pattern Recognition. Portland: IEEE, 2013: 2611-2618.

[127] Doretto G, Chiuso A, Wu Y N, et al. Dynamic Textures[J]. International Journal of Computer Vision, 2003, 51(2): 91-109.

[128] Rumelhart D E, Hinton G E, Williams R J. Learning representations by back-propagating errors[J]. Nature, 1986, 323: 533-536.

[129] Chong Y S, Tay Y H. Abnormal event detection in videos using spatiotemporal autoencoder[C]//Cong F Y, Leung A, Wei Q L. Advances in Neural Networks-ISNN 2017. Cham: Springer, 2017: 189-196.

[130] Zhao Y R, Deng B, Shen C, et al. Spatio-temporal AutoEncoder for video anomaly detection[C]//Proceedings of the 25th ACM international conference on Multimedia. Mountain View: ACM, 2017: 1933-1941.

[131] Gong D, Liu L Q, Le V, et al. Memorizing normality to detect anomaly: memory-augmented

deep autoencoder for unsupervised anomaly detection[C]//2019 IEEE/CVF International Conference on Computer Vision(ICCV). Seoul: IEEE, 2019: 1705-1714.

[132] Liu W, Luo W X, Lian D Z, et al. Future frame prediction for anomaly detection-a new baseline[C]//2018 IEEE/CVF Conference on Computer Vision and Pattern Recognition. Salt Lake City, IEEE, 2018: 6536-6545.

[133] Liu W, Luo W X, Li Z X, et al. Margin learning embedded prediction for video anomaly detection with a few anomalies[C]//Proceedings of the Twenty-Eighth International Joint Conference on Artificial Intelligence. Macao, China: International Joint Conferences on Artificial Intelligence, 2019: 3023-3030.

[134] Wang X Z, Che Z P, Jiang B, et al. Robust unsupervised video anomaly detection by multipath frame prediction[J]. IEEE Transactions on Neural Networks and Learning Systems, 2022, 33(6): 2301-2312.

[135] Sultani W, Chen C, Shah M. Real-world anomaly detection in surveillance videos[C]//2018 IEEE/CVF Conference on Computer Vision and Pattern Recognition. Salt Lake City: IEEE, 2018: 6479-6488.

[136] 肖进胜, 申梦瑶, 江明俊, 等. 融合包注意力机制的监控视频异常行为检测[J]. 自动化学报, 2022, 48(12): 2951-2959.

[137] Pang G S, Yan C, Shen C H, et al. Self-trained deep ordinal regression for end-to-end video anomaly detection[C]//2020 IEEE/CVF Conference on Computer Vision and Pattern Recognition(CVPR). Seattle: IEEE, 2020: 12170-12179.

[138] Georgescu M I, Bărbălău A, Ionescu R T, et al. Anomaly detection in video via self-supervised and multi-task learning[C]//2021 IEEE/CVF Conference on Computer Vision and Pattern Recognition(CVPR). Nashville: IEEE, 2021: 12737-12747.

[139] Liu Y., Yang D K, Wang Y, et al. Generalized video anomaly event detection: systematic taxonomy and comparison of deep models[J]. ACM Computing Surveys, 2024, 56(7): 1-38.

[140] Tang Y, Zhao L, Zhang S S, et al. Integrating prediction and reconstruction for anomaly detection[J]. Pattern Recognition Letters, 2020, 129: 123-130.

[141] 曲敏彰. 人员密集场所拥挤踩踏事故扰动模型研究[D]. 北京: 首都经济贸易大学, 2016.

[142] Korecki T, Pałka D, Wąs J. Adaptation of Social Force Model for simulation of downhill skiing[J]. Journal of Computational Science, 2016, 16: 29-42.

[143] Barbosa H, Barthelemy M, Ghoshal G, et al. Human mobility: models and applications[J]. Physics Reports, 2018, 734: 1-74.

[144] Pope S B. A Lagrangian two-time probability density function equation for inhomogeneous turbulent flows[J]. Physics of Fluids, 1983, 26(12): 3448-3450.

[145] Durbin P A, Speziale C G. Realizability of second-moment closure via stochastic analysis[J].

Journal of Fluid Mechanics, 1994, 280: 395-407.

[146] 刘琼. 考虑内部扰动的人群聚集风险评估与稳定性分析[D]. 上海: 同济大学, 2021.

[147] 韦勇. 阻尼结构振动系统的动力学建模、分析和修改[D]. 南京: 南京航空航天大学, 2003.

[148] 代宝乾. 公共聚集场所出口应急疏散能力研究[D]. 北京: 中国矿业大学, 2010.

[149] Brunton S L, Noack B R, Koumoutsakos P. Machine learning for fluid mechanics[J]. Annual Review of Fluid Mechanics, 2020, 52: 477-508.

[150] 林德花. 基于连续动态平衡模型的通道行人流特性研究[D]. 北京: 北京交通大学, 2015.

[151] Li L, Jiang R, He Z B, et al. Trajectory data-based traffic flow studies: a revisit[J]. Transportation Research Part C: Emerging Technologies, 2020, 114: 225-240.

[152] Daganzo C F. Requiem for second-order fluid approximations of traffic flow[J]. Transportation Research Part B: Methodological, 1995, 29(4): 277-286.

[153] 汪栋. 考虑恐慌的人群疏散宏观模型研究与应用[D]. 上海: 同济大学, 2018.

[154] 胡钱珊. 丁字路口恐慌人群疏散稳定性分析[D]. 上海: 同济大学, 2019.

[155] 孙燕, 李秋菊, 李剑峰. 城市重点公共区域人群聚集风险的实时定量技术[J]. 中国安全生产科学技术, 2011, 7(8): 147-153.

[156] Boltes M, Seyfried A. Collecting pedestrian trajectories[J]. Neurocomputing, 2013, 100: 127-133.

[157] Pedestrian movement clarity without complexity[EB/OL]. https://www.thunderheadeng.com/pathfinder/[2021-11-01].

[158] 宋笑旭. 【实测】分析算法优化升级, 人员行为精准分析: 海康威视智能行为分析服务器[EB/OL]. https://www.asmag.com.cn/test/201911/70692.html[2019-11-13].

[159] 10 分钟自定义搭建行人分析系统, 检测跟踪、行为识别、人体属性 All-in-One![EB/OL]. https://www.paddlepaddle.org.cn/support/news?action=detail&id=3028[2022-07-09].

[160] Solutions for Transport Hubs[EB/OL]. https://crowdvision.com/solutions-transport- hubs/[2024-12-01].

[161] 科达首席科学家章勇博士: 大模型驱动行业 AI 创新与变革[EB/OL]. https://www.kedacom.com/cn/newskd/41672.jhtml[2023-09-13].

[162] 王智敏, 陶宝林, 于鹏, 等. 基于可穿戴式惯性测量单元的行人室内定位技术[J]. 传感器与微系统, 2021, 40(1): 46-48, 52.

[163] 赵珍珍, 董彦如, 曹慧, 等. 老年人跌倒检测算法的研究现状[J]. 计算机工程与应用, 2022, 58(5): 50-65.

[164] 赵正平. MEMS 智能传感器技术的新进展(续)[J]. 微纳电子技术, 2019, 56(2): 85-94, 100.

[165] Alarifi A, Al-Salman A, Alsaleh M, et al. Ultra wideband indoor positioning technologies: analysis and recent advances[J]. Sensors, 2016, 16(5): 707.

[166] 赵荣泳, 张浩, 林权威, 等. UWB 定位技术及智能制造应用[M]. 北京: 机械工业出版社,

2020.

[167] Spencer Q, Rice M, Jeffs B, et al. A statistical model for angle of arrival in indoor multipath propagation[C]//1997 IEEE 47th Vehicular Technology Conference. Technology in Motion. Phoenix: IEEE, 1997, 3: 1415-1419.

[168] 陈燕. 基于 UWB 的高精度室内三维定位技术研究[D]. 成都: 电子科技大学, 2018.

[169] Li X D, Xu X, Zhang J, et al. Experimental study on the movement characteristics of pedestrians under sudden contact forces[J]. Journal of Statistical Mechanics: Theory and Experiment, 2021, 2021(6): 063406.

[170] 卢春霞. 人群流动的波动性分析[J]. 中国安全科学学报, 2006, 16(2): 30-34, 146.

[171] Bain N, Bartolo D. Dynamic response and hydrodynamics of polarized crowds[J]. Science, 2019, 363(6422): 46-49.

附录 A 人体关键点识别接口调用程序

```
/**
 * Java，IntelliJ IDEA 2021.2编译器,
本段程序对应本书的第4.2.2节基于关键点的三维质心
输入：人体图片
输出：人体关键点坐标
 */
package com.baidu.ai.aip.model;
import com.baidu.ai.aip.utils.Base64Util;
import com.baidu.ai.aip.utils.FileUtil;
import com.baidu.ai.aip.utils.HttpUtil;
import jxl.Sheet;
import jxl.Workbook;
import jxl.write.Label;
import jxl.write.WritableSheet;
import jxl.write.WritableWorkbook;
import net.sf.json.JSONArray;
import net.sf.json.JSONObject;
import java.io.File;
import java.io.FileOutputStream;
import java.io.OutputStream;
import java.net.URLEncoder;
import java.util.Iterator;

public class Wang {
  public static String body_analysis() {
    String url =
"https://aip.baidubce.com/rest/2.0/image-classify/v1/body_
```

```
analysis";
    try {
        // 本地文件路径
        String filePath = "C:\\Users\\HP\\Desktop\\5.60.jpg";
        byte[] imgData = FileUtil.readFileByBytes(filePath);
        String imgStr = Base64Util.encode(imgData);
        String imgParam = URLEncoder.encode(imgStr, "UTF-8");
        String param = "image=" + imgParam;
        String accessToken =
"24.e2f3131f86f57a12ea71b337eda8adb1.2592000.1640263173.28
2335-25171873";
        String result = HttpUtil.post(url, accessToken, param);
        JSONObject jsonObject = JSONObject.fromObject(result);
        JSONObject res =
Excels.createExcel("C:\\Users\\HP\\Desktop\\caseOne.xls",
jsonObject);
        // 输出结果
        System.out.println(res);
        return result;
    } catch (Exception e) {
        e.printStackTrace();
    }
    return null;
}
public static void main(String[] args) {
    Wang.body_analysis();
}
}
```

```
class Excels{
  public static JSONObject createExcel(String src, JSONObject
json)
  {
    JSONObject result = new JSONObject();
    try {
      File file = new File(src);
      WritableWorkbook writableWorkbook;
      Sheet sheet;
      Sheet sheet1;
      if(file.exists()) {
        //存在该xls就读取
        Workbook workbook = Workbook.getWorkbook(file);
        //在原有的xls上追加
              writableWorkbook =
Workbook.createWorkbook(file, workbook);
        sheet=writableWorkbook.getSheet(0);
        sheet1=writableWorkbook.getSheet(1);
      }else {
        file.createNewFile();
        OutputStream outputStream=new FileOutputStream(file);
        writableWorkbook =
Workbook.createWorkbook(outputStream);
        sheet = writableWorkbook.createSheet("First sheet",
0);// 21个关键节点数据
        sheet1 = writableWorkbook.createSheet("Second sheet",
1);// 其他数据
            }
      int personNum = json.getInt("person_num");
      JSONArray jsonArray = json.getJSONArray("person_info");
```

```
Label label;
int column = 0;
int row = sheet.getRows();
int column2 = 0;
int row2= sheet1.getRows();
for(int i=0;i<personNum;i++) {
  JSONObject parts = jsonArray.getJSONObject(i);
  //填入关键节点数据
  column = 0;
  JSONObject bodyParts = parts.getJSONObject("body_
  parts");
  Iterator<String> iterator1 = bodyParts.keys();
  while (iterator1.hasNext()) {
    String keys = iterator1.next();
    String index = markIndex(keys);
    label = new Label(column++, row, index);
    ((WritableSheet) sheet).addCell(label);
    JSONObject joint = bodyParts.getJSONObject(keys);
    Iterator<String> iterator2 = joint.keys();
    while (iterator2.hasNext()) {
      String key = iterator2.next();
      String value = joint.getString(key);
      label = new Label(column++, row, value);
      ((WritableSheet) sheet).addCell(label);
    }
    column = 0;
    row++;
  }
  JSONObject location=parts.getJSONObject("location");
  Iterator<String> iterator = location.keys();
  while (iterator.hasNext()) {
    String key = iterator.next();
    String value = location.getString(key);
    label = new Label(column++, row2, value);
    ((WritableSheet) sheet1).addCell(label);
```

```
      }
      column2 = 0;
      row2++;
    }
    writableWorkbook.write();
    writableWorkbook.close();
  } catch (Exception e) {
    result.put("result", "failed");
    result.put("reason", e.getMessage());
    return result;
  }
  result.put("result", "successed");
  return result;
}
public static String markIndex(String keys){
  int index=0;
  switch (keys){
    case "top_head":
      index=14;
      break;
    case "nose":
      index=15;
      break;
    case "left_eye":
      index=16;
      break;
    case "left_ear":
      index=17;
      break;
    case "left_mouth_corner":
      index=18;
      break;
    case "right_eye":
      index=19;
      break;
```

```
case "right_ear":
  index=20;
  break;
case "right_mouth_corner":
  index=21;
  break;
case "neck":
  index=1;
  break;
case "left_shoulder":
  index=2;
  break;
case "left_elbow":
  index=3;
  break;
case "left_wrist":
  index=4;
  break;
case "right_shoulder":
  index=5;
  break;
case "right_elbow":
  index=6;
  break;
case "right_wrist":
  index=7;
  break;
case "left_hip":
  index=8;
  break;
case "left_knee":
  index=9;
  break;
case "left_ankle":
  index=10;
```

```
      break;
    case "right_hip":
      index=11;
      break;
    case "right_knee":
      index=12;
      break;
    case "right_ankle":
      index=13;
      break;
    }
  return String.valueOf(index);
  }
}
```

附录 B 人体动力学质心模型核心程序

```
% MATLAB R2019a版本
% 本段程序对应本书的4.3.3子节段加权法的质心力
% 本段程序输入：人体关键点坐标
% 输出：动力学质心及运动参数
% 数据处理
A=xlsread('C:\Users\HP\Desktop\caseOne.xls','First sheet');
m=size(A,1)/21;
k=zeros(m,2);
for i=1:m
  a=A((i-1)*21+1:i*21,:);
  b=sortrows(a);%按第一列升序排序
  c=[0,mean(b(14:21,2:4))];%头部节点处理为一个
  a=[c;b(1:13,:)];%新的行人关键点
  r = [0.080 0.015 0.015 0.234 0.234 0.028 0.028 0.022 0.022
0.100 0.100 0.061 0.061]; %节段质量权重
  x1 = 1*a(1,3)+0*a(2,3);
  y1 = 1*a(1,4)+0*a(2,4);
  x2 = 0.5*a(2,3)+0.5*a(3,3);
  y2 = 0.5*a(2,4)+0.5*a(3,4);
  x3 = 0.5*a(2,3)+0.5*a(6,3);
  y3 = 0.5*a(2,4)+0.5*a(6,4);
  x4 = 0.542*a(2,3)+0.458*a(9,3);
  y4 = 0.542*a(2,4)+0.458*a(9,4);
  x5 = 0.542*a(2,3)+0.458*a(12,3);
  y5 = 0.542*a(2,4)+0.458*a(12,4);
  x6 = 0.436*a(3,3)+0.564*a(4,3);
```

```
y6 = 0.436*a(3,4)+0.564*a(4,4);
x7 = 0.436*a(6,3)+0.564*a(7,3);
y7 = 0.436*a(6,4)+0.564*a(7,4);
x8 = 0.430*a(4,3)+0.570*a(5,3);
y8 = 0.430*a(4,4)+0.570*a(5,4);
x9 = 0.430*a(7,3)+0.570*a(8,3);
y9 = 0.430*a(7,4)+0.570*a(8,4);
x10 = 0.433*a(9,3)+0.576*a(10,3);
y10 = 0.433*a(9,4)+0.576*a(10,4);
x11 = 0.433*a(12,3)+0.576*a(13,3);
y11 = 0.433*a(12,4)+0.576*a(13,4);
x12 = 0.433*a(10,3)+0.576*a(11,3);
y12 = 0.433*a(10,4)+0.576*a(11,4);
x13 = 0.433*a(13,3)+0.576*a(14,3);
y13 = 0.433*a(13,4)+0.576*a(14,4);
x = r*[x1 x2 x3 x4 x5 x6 x7 x8 x9 x10 x11 x12 x13]´;
y = r*[y1 y2 y3 y4 y5 y6 y7 y8 y9 y10 y11 y12 y13]´;
k(i,1) = x;
k(i,2) = y;
end
xlswrite(´C:\Users\HP\Desktop\IresOne.xls´,k,´Sheet1´);
A=xlsread(´C:\Users\HP\Desktop\caseOne.xls´,´Second
sheet´);
m=size(A,1);
k=zeros(m,2);
for i=1:m
  x = A(i,4)/2+A(i,3);
  y = A(i,5)/2+A(i,2);
  k(i,1) = x;
  k(i,2) = y;
```

```
end
xlswrite('C:\Users\HP\Desktop\IresOne.xls',k,'Sheet2');

% 质心轨迹
A=xlsread('IresOne.xlsx','Sheet1');
x1=A(:,3)';
y1=A(:,4)';
B=xlsread('IresOne.xlsx','Sheet2');
x2=B(:,3)';
y2=B(:,4)';
plot(x1,y1,'r*-',x2,y2,'b.-');
set(gca,'xaxislocation','top');
set(gca,'ydir','reverse');
xlabel('x轴坐标');
ylabel('y轴坐标');
legend('运动质心','静态质心');

% 部分动力学特征求解
U=zeros(20,1);%x轴速度
V=zeros(20,1);%y轴速度
v=zeros(20,1);
T=0.1;%帧频
for i=1:19
  U(i+1,1)=(A(i+1,3)-A(i,3))/T;
  V(i+1,1)=(A(i+1,4)-A(i,4))/T;

v(i+1,1)=sqrt((A(i+1,3)-A(i,3))^2+(A(i+1,4)-A(i,4))^2)/T;
end
k=v(20,1);
for i=1:19
```

```
  v(i+1,1)=v(i+1,1)/k;
end
plot(x1,y1,´r*´);
hold on
values = spcrv([[x1(1) x1 x1(end)];[y1(1) y1 y1(end)]],3);%
曲线拟合
plot(values(1,:),values(2,:),´r´);
set(gca,´xaxislocation´,´top´);
set(gca,´ydir´,´reverse´);
xlabel(´x轴坐标´);
ylabel(´y轴坐标´);
hold on
quiver(X´,Y´,U,V,0.2,´k´)  %速度矢量
legend(´运动质心´,´轨迹´,´速度´);
hold on


a=zeros(m,1);%角度大小
u=zeros(m,1);
v=zeros(m,1);
for i=1:m-1
  for j=1:13
    U(i+1,j)=(Px(i+1,j)-Px(i,j))/T;
    V(i+1,j)=(Py(i+1,j)-Py(i,j))/T;
  end
  u(i+1,1)=sum(U(i+1,:));
  v(i+1,1)=sum(V(i+1,:));
  B=[u(i+1,1),v(i+1,1)];
  C=[Px(i+1,3)-Px(i+1,2),Py(i+1,3)-Py(i+1,2)];
  if Px(i+1,2)-Px(i+1,3)>0
    a(i+1,1)=acos(dot(B,C)/(norm(B)*norm(C)))*180/pi;  %角度
```

范围限制

```
  else
    a(i+1,1)=-acos(dot(B,C)/(norm(B)*norm(C)))*180/pi;
  end
end
bar(a)
set(gca,'XTick',[1 2 3 4 5 6 7 8 9 10 11 12 13 14 15 16 17 18
19 20 21 22 23 24 25]);
xlabel('时间帧');
ylabel('两肩与运动方向的夹角(  )');
  hold on
```

附录 C　行人常见异常行为识别核心程序

 # 本程序对应本书的第 9.4 节跳跃行为检测程序和第 9.5 节骑行行为检测程序
 # 输入：监控视频
 # 输出：视频中行人的动作类别

```python
from PyQt5.QtCore import QThread, QRunnable, pyqtSignal, QObject
import time
from action_recognition.action_recog_model import load_action_model,format_action_model_input,get_num_batch
from pose_estimation.load_pose_model import load_model, generate_arg
from pose_estimation.postprocess_pose import SkeletonPriorityQueue
from pose_estimation.vis import vis_frame_fast,vis_action_label
from pose_estimation.pose_process import alpha2open,match_bbox
from trackers import track
import cv2
import os
import openpyxl
from alphapose.utils.transforms import get_func_heatmap_to_coord
import torch
import numpy as np
bone_pairs= (
    (0, 0), (1, 0), (2, 1), (3, 2), (4, 3), (5, 1), (6, 5), (7,
```

```
6), (8, 2), (9, 8), (10, 9),
  (11, 5), (12, 11), (13, 12), (14, 0), (15, 0), (16, 14), (17,
15)
)
EVAL_JOINTS = [0, 1, 2, 3, 4, 5, 6, 7, 8, 9, 10, 11, 12, 13,
14, 15, 16]
```

#*处理视频的线程函数*

#*parma*: *字典形式*

```
class VideoWorker(QRunnable):
  def __init__(self, param):
    super().__init__()
    self.param = param
    self.signals = VideoWorkerSignals()

    video_file_path=self.param['file_path']

action_model_config_path=self.param['action_model_config_p
ath']
    self.output_path=self.param['output_video_path']

self.action_model,self.action_cfg=load_action_model(action
_model_config_path)  #加载动作估计的模型

        self.arg=generate_arg(video_file_path)

self.od_loader,self.pose_model,self.track_model,self.pose_
dataset,self.cfg=load_model(self.arg)

self.video_name=video_file_path.split('\\')[-1].split('.')
[0]
```

```python
def run(self):

    self.od_loader.start()  #开始目标检测
    #运行模型前的准备
    data_len = self.od_loader.length
    im_names_desc = range(data_len)
    batchSize = self.arg.posebatch
    heatmap_to_coord = get_func_heatmap_to_coord(self.cfg)
    hm_size = self.cfg.DATA_PRESET.HEATMAP_SIZE
    norm_type =self.cfg.LOSS.get('NORM_TYPE', None)
    skeleton_pq=SkeletonPriorityQueue()
    #保存视频路径
    fourcc = cv2.VideoWriter_fourcc(*'XVID')
    outVideo   =   cv2.VideoWriter(self.output_path,   fourcc,
self.od_loader.fps, self.od_loader.frameSize)
    # if not os.path.exists(self.output_dir):
    #   os.mkdir(self.output_dir)
    #   print(self.od_loader.frameSize)
    try:
        workbook = openpyxl.load_workbook('data.xlsx')
        sheet = workbook.active
        last_row = sheet.max_row
        excel_index=0
    except FileNotFoundError:
        workbook = openpyxl.Workbook()
        sheet = workbook.active
        sheet['A1'] = '人数'
        sheet['B1'] = '帧率'
        last_row=0
```

```python
    excel_index=0
  for frame_index in im_names_desc:

    # time.sleep(1)
    (inps, orig_img, im_name, boxes, scores, ids, cropped_
boxes) = self.od_loader.read()
    start=time.time()
    #异常处理
    if orig_img is None:
      continue
      # pass
    if boxes is None or boxes.nelement() == 0:
      continue
      # pass
    if boxes is None or boxes.nelement() == 0:
      continue
      # pass
    #运行姿态估计模型前的中间数据处理与准备
    if inps==None:
      continue
    inps = inps.to(self.arg.device)
    datalen = inps.size(0)
    leftover = 0
    if (datalen) % batchSize:
      leftover = 1
    num_batches = datalen // batchSize + leftover
    hm = []

    #开始运行姿态估计
    for j in range(num_batches):
```

```
    inps_j = inps[j * batchSize:min((j + 1) * batchSize,
datalen)]

    hm_j = self.pose_model(inps_j)
    hm.append(hm_j)
  hm = torch.cat(hm)
  if self.arg.pose_track:
    boxes,scores,ids,hm,cropped_boxes                      =
track(self.track_model,self.arg,orig_img,inps,boxes,hm,cro
pped_boxes,im_name,scores)
  hm_data = hm.cpu()
  frame_skeletons=[]
  vis_frame_skeletons=[]
  for i in range(hm_data.shape[0]):
    bbox = cropped_boxes[i].tolist()
    pose_coord, pose_score =heatmap_to_coord(hm_data[i]
[EVAL_JOINTS], bbox, hm_shape=hm_size, norm_type=norm_type)

skeleton=np.concatenate((pose_coord,pose_score),axis=1)
      '''
    vis
      '''
    vis_frame_skeletons.append(skeleton)
    postskeleton=alpha2open(skeleton,orig_img.shape)

    frame_skeletons.append(postskeleton)
  #姿态估计可视化
      '''
  vis
  '''
```

```
img=vis_frame_fast(orig_img,ids,vis_frame_skeletons,[0.2] *
18)

    skeleton_pq.update(ids,frame_skeletons,frame_index)
    output_hm_num=15

output_ids,candinates=skeleton_pq.output_candinates(ids,ou
tput_hm_num)
    # print("ready hm:",output_ids,candinates.shape)
    frame_ac_pres=[]
    if len(output_ids)>0:

action_model_data=format_action_model_input(candinates)
        ac_batch_size=8

ac_num_batch=get_num_batch(len(output_ids),ac_batch_size)
        for ac_j in range(ac_num_batch):

bone_j=action_model_data[ac_j*ac_batch_size:min((ac_j+1)*a
c_batch_size,output_hm_num)]
            if bone_j.shape[0]==0:
              continue
            Tensor_j=torch.Tensor(bone_j).to("cuda:0")
            with torch.no_grad():
              predict_j=self.action_model(Tensor_j)
              _,predict_label=torch.max(predict_j.data, 1)
              predict_label=list(predict_label.cpu().numpy())
              # print(predict_label)
            frame_ac_pres.append(predict_label)
```

```
    frame_ac_pres=np.concatenate(frame_ac_pres)
    # print("每一帧的预测结果",output_ids,frame_ac_pres)


    '''
    vis
    '''

    output_bboxes=match_bbox(ids,output_ids,boxes)


img=vis_action_label(img,output_ids,frame_ac_pres,output_b
boxes)
    outVideo.write(img)
    if len(output_ids)>0:
      end=time.time()
      sheet.cell(row=last_row+excel_index+1,
column=1).value = len(hm_data)
      sheet.cell(row=last_row+excel_index+1,
column=2).value = 1/(end-start)
      excel_index+=1
    self.signals.progress.emit((frame_index+1)/data_len)
  workbook.save('data.xlsx')
  outVideo.release()
  self.signals.finished.emit()
class VideoWorkerSignals(QObject):
  progress = pyqtSignal(float)
  finished = pyqtSignal()
```